"十四五"职业教育国家规划教材
"十三五"职业教育国家规划教材

二维动画制作案例教程

潘兰慧	罗忠可	主　编
陈一鸣　黄春芳	李奕欣	副主编
李小红	杨　予	
丁祥青	李尚玻	参　编
	冯奕东	主　审

中国铁道出版社有限公司
CHINA RAILWAY PUBLISHING HOUSE CO., LTD.

内 容 简 介

Animate 是目前应用最广泛的动画制作软件之一。本书采用案例教学方式，通过大量案例全面介绍了 Animate 的功能和应用技巧。全书分 9 章，内容包括 Animate 动画制作基础、Animate 强大的绘图功能、基本动画类型的制作、高级动画类型的制作、文本动画制作、动画中元件的应用、骨骼动画制作、ActionScript 的应用、综合案例。

本书本着加强基础、提高能力、重在应用的原则编写，操作步骤详细，使读者通过学习，能够尽快掌握动画制作基础知识，提高计算机动画制作应用能力，为以后的学习提高和实际应用打下基础。

本教材概念准确、内容翔实、图文并茂、通俗易懂、便于自学，有利于学生快速掌握使用动画制作的基本技能，提升动画制作综合应用能力。

本教材在案例中融入中华优秀传统文化故事和党的二十大精神。遵循"引大道"和"启大智"两个原则，将中华优秀传统文化之立德树人教育故事和党的二十大精神融入二维动画教学过程中，创新资源融入课程思政内容，有鲜明的职教特色，体现"立德树人"的培养宗旨，帮助青少年树立正确的人生观和价值观。

本书适合作为中、高等职业院校以及各类动画设计培训机构的专用教材，也可供广大初、中级动画制作爱好者自学使用。

图书在版编目（CIP）数据

二维动画制作案例教程 / 潘兰慧，罗忠可主编. —北京：
中国铁道出版社有限公司，2022.4（2024.7 重印）
"十三五"职业教育国家规划教材
ISBN 978-7-113-28878-5

Ⅰ. ①二… Ⅱ. ①潘… ②罗… Ⅲ. ①动画制作软件 - 职业教育 - 教材 Ⅳ. ① TP391.414

中国版本图书馆 CIP 数据核字 (2022) 第 028898 号

书　　名：	二维动画制作案例教程
作　　者：	潘兰慧　罗忠可
策　　划：	王春霞　　　　　　　　　　编辑部电话：（010）63551006
责任编辑：	王春霞　许　璐
封面设计：	刘　颖
责任校对：	焦桂荣
责任印制：	樊启鹏

出版发行：中国铁道出版社有限公司（100054，北京市西城区右安门西街 8 号）
网　　址：https://www.tdpress.com/51eds/
印　　刷：三河市兴博印务有限公司
版　　次：2022 年 4 月第 1 版　2024 年 7 月第 3 次印刷
开　　本：850 mm×1 168 mm 1/16　印张：13.5　字数：360 千
书　　号：ISBN 978-7-113-28878-5
定　　价：59.80 元

版权所有　侵权必究

凡购买铁道版图书，如有印制质量问题，请与本社教材图书营销部联系调换。电话：（010）63550836
打击盗版举报电话：（010）63549461

前　言

随着社会的发展，传统的教育模式已经难以满足就业的需要。一方面，大量的毕业生难以找到满意的工作；另一方面，用人单位却在感叹难以招到符合岗位要求的人才。因此，积极推进教学形式和内容的改革，从传统的偏重知识的传授转向注重就业能力的培养，并让学生有兴趣学习，轻松学习，已经成为大多数职业院校的共识。

教育的改革首先是教材的改革。为此，我们走访了众多中、高等职业院校，与许多教师探讨当前教育面临的问题和机遇，聘请具有丰富教学经验的一线教师和企业工程师共同编写了本书。

本书特色

（1）精心设计内容和资源，融入中华优秀传统文化元素

文化是民族的血脉，是人民的精神家园。文化自信是更基本、更深层、更持久的力量。中华文化独一无二的理念、智慧、气度、神韵，增添了中华民族内心深处的自信和自豪。本书尝试将中华优秀传统文化之立德树人教育故事融入二维动画教学过程中。

（2）精心设计体例，满足现代教学需要

本书采用以案例为驱动的教学模式，按照"情境导入—案例说明—相关知识—案例实施"的思路编排。

大多数案例采用"情境导入"引入中华优秀传统文化故事，解释故事中的立德树人道理；通过"案例说明"解释案例实现的效果；通过"相关知识"让学生系统地学习动画制作软件的相关功能；通过"案例实施"让学生制作精心设计的案例，在实践中运用动画制作软件 Animate CC 的相关功能。

（3）精心设计案例，增强学生学习兴趣

本书案例众多，每个案例都经过精心设计，具有操作简单、针对性强、设计精美、实用性强等特点，既能增强学生的学习兴趣，又能让学生在完成案例的过程中轻松掌握动画制作软件 Animate CC 的相关功能和应用。

（4）精心安排内容，满足工作岗位需要

Animate CC 的功能非常强大，但有许多功能在实际工作中很少用到，如果全部都讲，会耗费很多时间和精力，不利于教学和学习。为此，本书精心安排与实际应用紧密相关的软件功能和案例，从而让读者能高效学习，而且能将学到的技能应用于未来的工作岗位，如制作网页广告、音乐 MTV、企业宣传动画等。

（5）精心安排知识点的讲解方式，方便学生理解和掌握

本书在讲解知识点时，力求做到语言精练、通俗易懂、图文并茂，并根据知识点的难易程度采用不同的讲解方式。例如，对于一些较难理解和掌握的功能，使用小例子的方式进行讲解，对于一些简单的功能则简单讲解。

(6) 融入党的二十大精神，培养综合运用知识分析、处理问题的能力。

党的二十大报告提到："中华优秀传统文化得到创造性转化、创新性发展，文化事业日益繁荣，网络生态持续向好，意识形态领域形势发生全局性、根本性转变。"通过学习本书，可以加深理解和巩固所学理论知识，更能切实掌握动画设计与制作基本实践操作，正确运用常用动画制作软件制作适合网络传播的动画作品。在该本书中，加强对学生进行科学素质和良好的工作习惯的训练，培养学生的审美和时间意识。为培养具有创新精神和实践能力的高素质人才奠定良好的基础。

(7) 配套智慧职教平台，开展慕课教学，适合线上线下混合教学模式的应用。

智慧职教平台慕课教学网址：https://icve-mooc.icve.com.cn/cms/courseDetails/index.htm?classId=5a58956289f8406b1295444bee37132a

本书读者对象

本书适合作为中、高等职业院校以及各类动画设计培训机构的专用教材，也可供广大初、中级动画制作爱好者自学使用。

教学资源下载和使用

本书配有精美的教学课件、素材等教学资源，读者可以从 http://www.tdpress.com/51eds/ 网站下载。另外本书还配套制作了教学微课和案例效果视频，可直接在书中扫码观看。

本书的创作队伍

本书由潘兰慧、罗忠可任主编，陈一鸣、黄春芳、李奕欣、李小红、杨予任副主编，丁祥青、李尚玻参与编写，全书由冯奕东主审。各章节编写分工如下：第 1 章由李奕欣编写；第 2 章的案例 2-1、2-2 由李奕欣编写，案例 2-3、2-4、2-5 由杨予编写；第 3 章的案例 3-1、3-2、3-3、3-4、3-5 由罗忠可编写，案例 3-6、3-9 由杨予编写，案例 3-7、3-8、3-10 由黄春芳编写，案例 3-11、3-12、3-13 由潘兰慧编写；第 4 章的案例 4-1、4-2、4-3 由黄春芳编写，案例 4-4 由潘兰慧编写；第 5 章由李小红编写；第 6 章由陈一鸣编写；第 7 章由杨予编写；第 8 章由潘兰慧编写；第 9 章的案例 9-1、9-3 由李尚玻编写，案例 9-2、9-4 由潘兰慧编写，案例 9-5 由丁祥青编写。

创作队伍工作单位

广西右江民族商业学校：潘兰慧、罗忠可、陈一鸣、黄春芳、李奕欣、李小红、杨予、冯奕东。广西卡斯特动漫有限公司：李尚玻。无锡机电高等职业技术学校（无锡工业高级技工学校）：丁祥青。

本书编写过程中，参考了一些文献，在此向相关作者表示感谢！

由于编者的水平有限，书中难免存在不足与疏漏之处，敬请广大读者批评指正。

编　者

2022 年 12 月

目 录

第1章　Animate 动画制作基础............ 1
　案例 1-1　Animate CC 软件的
　　　　　　安装及卸载................. 2
　案例 1-2　Animate CC 软件的
　　　　　　基本操作................... 5
　案例 1-3　Animate CC 软件的
　　　　　　工作界面................... 8
　小结.. 11
　练习与思考................................ 11

第2章　Animate 强大的绘图功能...... 12
　案例 2-1　Animate CC 绘图基础知识.... 13
　案例 2-2　壮族铜鼓鼓面的绘制......... 19
　案例 2-3　"海上生明月，天涯共此时"
　　　　　　的场景绘制.................. 22
　案例 2-4　钢笔工具——壮锦玫瑰
　　　　　　绘制........................... 26
　案例 2-5　钢笔工具——壮族图腾鹭鸟
　　　　　　绘制........................... 30
　案例 2-6　钢笔工具——壮族布洛陀
　　　　　　人物绘制.................... 33
　小结.. 35
　练习与思考................................ 35

第3章　基本动画类型的制作............ 36
　案例 3-1　逐帧动画——倒计时......... 38
　案例 3-2　逐帧动画——人物行走...... 41
　案例 3-3　逐帧动画——打字效果...... 47
　案例 3-4　逐帧动画——打开扇子...... 51
　案例 3-5　传统补间动画、场景应用
　　　　　　——日夜变换............... 57

　案例 3-6　引导层动画——飞舞的
　　　　　　鹭鸟........................... 63
　案例 3-7　引导层动画——流星雨...... 65
　案例 3-8　引导层动画——初夏美景... 67
　案例 3-9　补间形状动画——蛙图腾
　　　　　　的崇拜........................ 69
　案例 3-10　补间形状动画——绘制
　　　　　　花朵........................... 71
　案例 3-11　动画预设——飞船动画.... 73
　案例 3-12　动画预设——3D 文字
　　　　　　滚动........................... 76
　案例 3-13　动画编辑器——精益
　　　　　　求精........................... 77
　小结.. 86
　练习与思考................................ 87

第4章　高级动画类型的制作............ 89
　案例 4-1　遮罩动画——遮罩文字...... 90
　案例 4-2　遮罩效果——水墨遮罩...... 92
　案例 4-3　遮罩动画——卷轴动画...... 95
　案例 4-4　遮罩动画——放大镜效果... 97
　小结.. 102
　练习与思考.............................. 102

第5章　文本动画制作..................... 104
　案例 5-1　文本动画——分离文本
　　　　　　动画......................... 105
　案例 5-2　文本动画——任意变形
　　　　　　文本动画.................... 108
　案例 5-3　文本动画——晕光字....... 112
　案例 5-4　文本特效——立体文字..... 115
　案例 5-5　文本特效——彩虹字....... 120

小结 127
　　练习与思考 128

第6章　动画中元件的应用 129
　　案例6-1　创建图形元件
　　　　　　——广西花山岩画 130
　　案例6-2　制作影片剪辑元件
　　　　　　——唱山歌 132
　　案例6-3　创建按钮元件
　　　　　　——铜鼓声声响 134
　　小结 138
　　练习与思考 138

第7章　骨骼动画制作 140
　　案例　骨骼动画制作——鹭鸟舞动 141
　　小结 143
　　练习与思考 143

第8章　ActionScript 的应用 145
　　案例8-1　图片选择代码应用
　　　　　　——交互电子相册制作 146

　　案例8-2　播放与重播代码应用
　　　　　　——刘三姐画册制作 155
　　小结 171
　　练习与思考 171

第9章　综合案例 172
　　案例9-1　警察讲话与手势动画 173
　　案例9-2　综合案例——以礼相待 178
　　案例9-3　MG 图标动画制作 188
　　案例9-4　综合案例——静夜思 192
　　案例9-5　综合案例——飘飞的气球 201
　　小结 204
　　练习与思考 204

附录 A 206

附录 B 210

附录 C 210

第1章

Animate 动画制作基础

  Animate CC由原Adobe Flash Professional CC更名得来，除维持原有Flash开发工具支持外，新增了HTML 5创作工具，为网页开发者提供了更适应现有网页应用的音频、图片、视频、动画等创作支持。Animate CC拥有大量新的特性，特别是在继续支持Animate SWF、AIR格式的同时，还支持HTML 5 Canvas、WebGL，并能通过可扩展架构支持包括SVG在内的几乎任何动画格式。

学习目标

- 掌握 Animate 软件的安装及卸载。
- 掌握 Animate 的启动与退出。
- 了解 Animate 的工作界面。
- 掌握新建和编辑 Animate 空白文档。
- 简单了解 Animate 的新增功能及命令。
- 用一款广泛运用于全球的软件，讲中国故事，让中国传统文化飘香世界。

案例 1-1 Animate CC 软件的安装及卸载

视频
Animate CC
软件的安装及
卸载

情境导入

借助Animate，可以将任何内容制成动画，并几乎以任何格式将动画快速发布到多个平台并传送到观看者的任何屏幕上；还可以发布游戏，使用功能强大的插图和动画工具，为游戏和广告创建交互式Web和移动内容，使用Animate可以在应用程序中完成所有的资源设计和编码工作，还可以创建栩栩如生的人物，并与用户互动。

案例说明

（1）Animate CC安装时需要注册。

（2）当用户选择卸载Animate CC软件时，常用方法有两种，不论选择哪种方法进行卸载，均涉及用户计算机上与该软件相关文件的正常使用，所以在卸载之前务必考虑清楚。

相关知识

一、安装Animate CC的硬件要求

1. Windows 系统（见表1-1）

表1-1 Windows系统安装Animate cc的硬件要求

硬 件	最 低 要 求
处理器	Intel Pentium 4、Intel Centrino、Intel Xeon、Intel Core Duo（或兼容）处理器（2 GHz 或更快的处理器）
操作系统	Windows 10 V1903、V1909、V2004 版本及更高版本
RAM	2 GB RAM（建议 8 GB）
硬盘空间	4 GB 可用硬盘空间用于安装；安装过程中需要更多的可用空间（无法安装在可移动闪存设备上）
显示器分辨率	1 024像素×900 像素显示屏（建议 1 280像素×1 024像素）
GPU	OpenGL 版本 3.3 或更高版本（建议使用功能级别 12_0 的 DirectX 12）
Internet	必须具备网络连接并完成注册，才能激活软件、验证订阅及访问在线服务

2. Mac OS系统（见表1-2）

表1-2 Mac OS系统安装Animate CC的硬件要求

硬 件	最 低 要 求
处理器	具有 64 位支持的多核 Intel 处理器
操作系统	Mac OS 10.14 版（Mojave）、10.15 版（Catalina）、11.0 版（Big Sur）
RAM	2 GB RAM（建议 8 GB）
硬盘空间	4 GB 可用硬盘空间用于安装；安装过程中需要更多可用空间（无法安装在使用区分大小写的文件系统的卷上，也无法安装在可移动闪存设备上）
显示器分辨率	1 024像素×900 像素显示屏（建议 1 280像素×1 024像素）

续表

硬　件	最 低 要 求
GPU	OpenGL 版本 3.3 或更高版本（建议具备 Metal 支持）
Internet	必须具备网络连接并完成注册，才能激活软件、验证订阅及访问在线服务

案例实施

一、Animate CC软件的安装

1．准备工作

Animate CC压缩包，如图1-1所示。

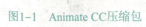

图1-1　Animate CC压缩包

2．安装步骤

（1）右击压缩软件包，在弹出的快捷菜单中选择【解压到当前文件夹(x)】命令，解压后出现一个安装包的文件夹，如图1-2所示。

（2）打开该文件夹，在安装之前请先阅读【安装必看】文档，如图1-3所示。

图1-2　Animate CC安装文件夹

图1-3　安装必看文档

（3）找到安装启动文件，双击安装启动文件Set-up.exe，开始安装。

（4）在安装界面，等待安装进程显示为100%，如图1-4所示。

（5）登录Adobe Animate官网，注册用户成功后，即完成安装，如图1-5所示。

图1-4　安装界面

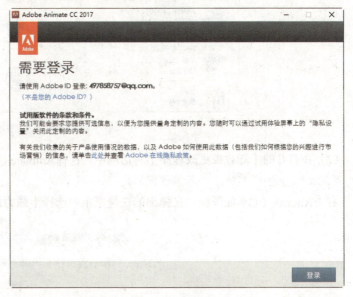

图1-5　提醒用户注册

（6）双击桌面上的Animate CC图标，检查其是否可以正常使用，如图1-6所示。

图1-6　桌面图标

 小贴士

在安装完毕后，仍无法正常启动Animate CC，可在本书教材文件中找到图1-7所示文件，复制到软件的安装位置。

图1-7　补丁软件

二、Animate CC软件的卸载

1. 方法1：使用【控制面板】卸载

（1）单击【开始】按钮，打开【控制面板】窗口，单击【程序】|【卸载程序】超链接，如图1-8所示。

图1-8　【控制面板】窗口

（2）在打开的【卸载或更改程序】对话框中，选择Animate CC，单击【卸载/更改】按钮即可。

2. 方法2：利用右键快捷菜单进行卸载

右击Animate CC桌面图标，在弹出的快捷菜单中选择【强力卸载此软件】命令即可，如图1-9所示。

图1-9　利用右键快捷菜单卸载软件

案例 1-2 Animate CC 软件的基本操作

情境导入

Animate的基本操作并不复杂，只要是熟悉设计类软件的用户，均很容易掌握。基本操作是保障用户能在简易的环境下体验Animate的功能。

案例说明

在安装好Animate CC软件后，启动、退出、新建、保存等基本操作是使用软件的基础，而用户根据使用频率，可选择方便快捷的方式完成这些基本操作。

相关知识

在很多应用软件中，快捷方式包括菜单及快捷键的使用。例如常用的复制（【Ctrl+C】组合键）、粘贴（【Ctrl+V】组合键）、剪切（【Ctrl+X】组合键）命令，这些快捷方式能极大地提升用户的工作效率。

案例实施

一、Animate CC的启动与退出

1. Animate CC的启动

方法1：双击桌面图标 启动。

方法2：单击【开始】按钮，选择【所有程序】|Adobe Animate CC 2017命令启动，如图1-10所示。

图1-10 在【开始】菜单中的Animate CC

方法3：右击桌面图标，在弹出的快捷菜单中选择【打开】命令。

2. Animate CC的退出

方法1：单击菜单栏右上角的【关闭】按钮，如图1-11所示。

图1-11　标题栏上的【关闭】按钮

方法2：选择【文件】|【退出】命令，或按【Ctrl+Q】组合键，如图1-12所示。

方法3：双击窗口左上角的Animate CC图标，如图1-13所示。

图1-12　【退出】命令　　　　　　　　　　　图1-13　利用图标退出软件

二、Animate CC的新建与保存

1. Animate CC的新建文档

方法1：在完成启动后的界面，单击ActionScript 3.0超链接，如图1-14所示。

方法2：选择【文件】|【新建】命令，在弹出的【新建文档】对话框【常规】选项卡【类型】选项组中选择【ActionScript 3.0】选项，如图1-15所示。

图1-14　新建Animate CC文档（1）

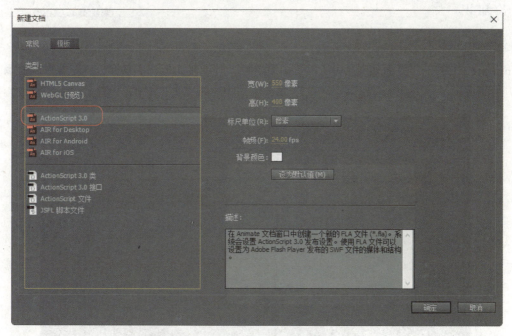

图1-15　新建Animate CC文档（2）

2．Animate CC保存文档

（1）Animate CC文档的保存要注意保存类型，其扩展名为.fla，如图1-16所示。

（2）Animate CC文档导出时的扩展名为.swf，如图1-17所示。

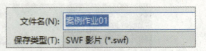

图1-16　Animate CC文档保存类型　　　　　图1-17　Animate CC文档导出类型

案例 1-3　Animate CC 软件的工作界面

情境导入

Animate的工作界面与Flash一致，有工作界面、时间轴、相关工具的属性面板以及命令众多的菜单栏。

案例说明

新建Animate CC文档后，就可以进入Animate CC的工作界面。Animate CC的用户界面根据使用习惯不同，界面也是不同的，其中包括动画、传统、调试、设计人员、开发人员、基本功能、小屏幕等7种界面，这里主要以传统界面为例进行讲解，如图1-18所示。

相关知识

图1-18　Animate CC的7种工作界面

认识Animate CC的工作界面

Animate CC的工作界面如图1-19所示，由菜单栏、时间轴面板、工具面板、属性设置面板、场景（舞台）等组成。

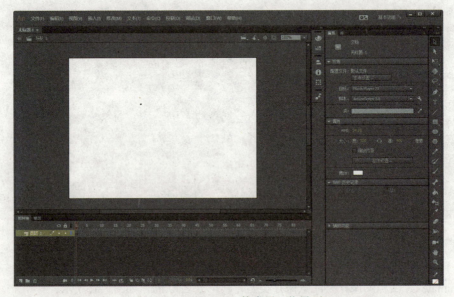

图1-19　Animate CC的常用工作界面

(1)菜单栏。菜单栏放置了Animate CC中常用的各种命令,包括文件、编辑、视图、插入、修改、文本、命令、控制、调试、窗口及帮助共11组菜单命令,如图1-20所示。

图1-20　Animate CC菜单栏

(2)时间轴面板。Animate CC中最重要的组成部分,其决定了动画的时长、动画效果等,如图1-21所示。

图1-21　时间轴工作面板

▇——新建图层。

▇——新建文件夹。

▇——删除(图层/文件夹)。

▇——显示或隐藏所有图层。单击某图层对应白色小点,只是显示或隐藏该图层,单击此图标则是显示或隐藏所有图层。

▇——锁定或解除锁定所有图层。单击某图层对应白色小点,只是锁定或解锁该图层,单击此图标则是锁定或解除锁定所有图层。

▇——将所有图层显示为轮廓。单击某图层对应轮廓图标,该图层所有元素仅显示轮廓图,无填充,单击此图标则将所有图层显示为轮廓。

时间帧:时间帧是Animate中制作动画的关键因素,如图1-22所示。

图1-22　由许多时间帧组成的时间轴

传统动画是通过连续播放一系列静态画面实现动画效果,Animate动画亦如此,在时间轴线不同帧上放置不同的对象并进行相应设置,当播放时,这些时间帧之间形成连续效果,变形成完整动画。

(3)工具面板。位于工作区的右侧,主要包含了绘图所需要的各种工具和调整工具。有些工具按钮隐藏在同类型工具所附带的级联菜单中,如果工具按钮的右下角有黑色小三角为弹出式工具按钮,表示包含级联菜单,如图1-23所示。

(4)属性设置面板。当选择使用某一工具后,属性栏中会显示该工具的属性设置。选取的工具不同,属性栏的选项也不相同。这些属性设置面板也可以通过【窗口】菜单打开,如图1-24所示。

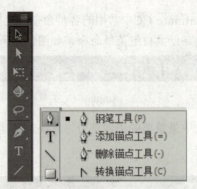

图1-23 工具面板（左）和钢笔工具的级联菜单（右）

图1-24 属性面板（左）和通过菜单栏命令打开属性面板（右）

（5）场景（舞台）。用来放置各种元件、图形对象，放置在场景中的对象也是最终输出区域，如图1-25所示。

图1-25 场景（工作界面）

第1章　Animate动画制作基础

小贴士

包括属性设置面板、工具栏、时间轴在内的常用窗口，如果用户不小心关闭掉，可以通过选择【窗口】菜单中的相应命令恢复窗格。

案例实施

制作一个会变化的几何图形

（1）在第1帧位置，用【矩形工具】绘制一个方形，并填充蓝色。
（2）在时间轴面板中单击选中第30帧，在右键快捷菜单中选择【插入关键帧】（F6）命令。
（3）在第30帧位置，用【椭圆工具】绘制一个圆形，并填充绿色。
（4）在第1帧到第30帧的时间轴上，在右键快捷菜单中选择【创建补间形状】命令，结果如图1-26所示。
（5）回到第1帧位置，播放动画，可以看到蓝色方形逐渐变形为绿色圆形，如图1-27所示。

图1-26　设置【创建补间形状】动画效果的时间轴

图1-27　矩形，渐变形状，圆形

小贴士

用鼠标控制播放节奏，可以看到每到一帧的时候，图形及颜色都在慢慢地发生改变，当时间足够快的时候，即产生动画效果。

小　　结

Animate CC的常规操作（包括软件的安装、卸载、新建、保存等操作）与大多数应用软件无差别。在此有两点需要读者必须掌握好：一是常用的快捷键，能极大地方便用户操作；二是务必做好保存文档的工作。

练习与思考

1. 练习Animate CC的安装与卸载。
2. 使用快捷方式完成新建、保存、打开等操作。

Animate 强大的绘图功能

动画的构成需要大量的卡通人物、场景及各类图形等，而这些元素均需要做好前期准备工作，用Animate CC完成绘制。本章主要学习常用绘图工具，运用椭圆工具、矩形工具等几何形状工具进行绘制。

学习目标

- 掌握椭圆工具、矩形工具、多角星形工具的参数设置及使用方法。
- 掌握选择工具、部分选取工具、任意变形工具的使用方法。
- 掌握颜料桶工具、墨水瓶工具的参数设置及使用方法。
- 通过案例掌握常用绘图工具的设置及使用。
- 通过使用绘图工具，结合中华优秀传统优秀文化理念、故事等，既培养学生的审美观，又培养学生对民族的认同、对祖国的热爱。一面铜鼓，一叶小舟，一轮圆月，简单的画面，展现了壮族文化的美，中华优秀传统文化的美。

案例 2-1　Animate CC 绘图基础知识

视　频

Animate CC
绘图基础知识

情境导入

矩形工具、椭圆工具、多角星形工具、线条工具、油漆桶工具等均是常用的绘图工具，在 Animate 中，绘画是所有动画的基础，优质的动画需要好的动画角色去实现。因此，掌握这些常用的绘图工具是制作动画的第一步。

案例说明

矩形工具、椭圆工具、多角星形工具、线条工具均属于常用的图形元素，很多动画元素均是使用几何形状组合而成。

相关知识

一、Animate 的两种绘图模式（见图 2-1）

图 2-1　Animate 的绘图模式设置

【贴紧至对象】：Animate 中的默认绘图模式，在该模式下绘制的图形如果有交集，后面绘制的图形会修剪掉前面绘制的图形，如图 2-2 所示。

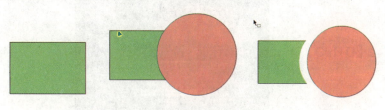

图 2-2　贴紧至对象

【对象绘制模式】：当用户选择绘图工具后单击工具箱选项区中的【对象绘制】按钮，在此模式下绘图，图形之间相互不影响，如图 2-3 所示。

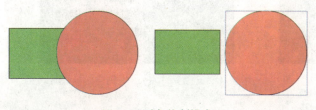

图 2-3　对象绘制模式

> **小贴士**
>
> 虽然对象绘制模式下的图形相互不影响,但这样非常不利于对图形进行调整,所以一般情况下均使用合并绘制模式绘图。

二、Animate中用于调整图形的常用工具

在Animate中绘制图形要运用【椭圆工具】、【矩形工具】、【多角星形工具】、【线条工具】、【铅笔工具】等绘制好图形的轮廓,还需要借助以下几个工具进行调整及完善。

(1)运用【选择工具】、【部分选取工具】、【任意变形工具】等调整图形轮廓。

(2)运用【颜料桶工具】和【墨水瓶工具】对图形进行上色。

案例实施

认识Animate中调整图形的常用工具

1. 【矩形工具】(R)和【椭圆工具】(O)

使用【矩形工具】和【椭圆工具】可以绘制出长方形、正方形、圆角矩形、椭圆形及圆形等,操作如下。

(1)绘制长方形、正方形(借助【Shift】键),选择工具箱中的【矩形工具】,在工具箱面板中设置其填充色和轮廓色,也可以在【矩形工具】属性面板中修改其参数设置,如图2-4所示。在【矩形选项】中设置圆角矩形4个角的角度,如图2-5所示。

图2-4 用工具面板设置(左),用属性面板设置(右)

图2-5　长方形，正方形，圆角矩形

> 💡 **小贴士**
>
> 按【Shift】键绘制矩形、椭圆形及圆形等，是以鼠标单击的位置作为起点；而【Shift+Alt】组合键，则以鼠标单击的位置作为图形的中心点进行绘制。

（2）处于 状态下，4个直角的改变是同步的；处于 状态下，4个直角的改变是相互不影响的。如果对调整的参数不满意，可单击【重置】按钮重新设置。

（3）绘制椭圆形、圆形（借助【Shift】键），选择工具箱中的【椭圆工具】，在工具箱面板中设置其填充色和轮廓色，也可以在【椭圆工具】属性面板中修改其参数设置，如图2-6所示。

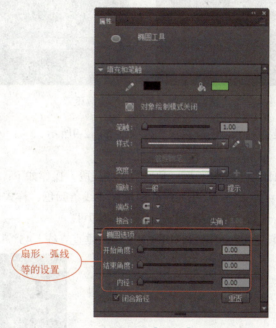

图2-6　椭圆工具【属性】面板

（4）绘制扇形、圆弧线、圆环及空心扇形，在【椭圆工具】属性面板中的【椭圆选项】选项组中调整"开始角度""结束角度""内径""闭合路径"参数，效果如图2-7所示。

图2-7　扇形、圆弧线、圆环、空心扇形

2. 【多角星形工具】

使用【多角星形工具】 可以绘制多边形、三角形、星形等，操作如下：

（1）选择工具箱中的【多角星形工具】，在其属性面板【工具设置】选项组中单击【选项】按钮，弹出【工具设置】对话框，对图形进行设置。可以选择的【样式】包括多边形、星形，【边数】根据实际需要设置，如图2-8所示。

图2-8　多角星形工具参数设置

（2）【星形顶点大小】是针对星形的参数设置选项，如图2-9所示。

3. 【线条工具】（N）

使用【线条工具】 可以绘制不同长度、角度的直线线段，操作如下：

（1）单击工具箱中的【线条工具】，在其属性面板设置线条颜色、样式、宽度等，如图2-10所示，当光标变成+形状，按住鼠标左键不放，拖放出一条直线段即可。

（2）配合【Shift】键一起使用，可以绘制出水平直线、垂直直线、45°斜线。

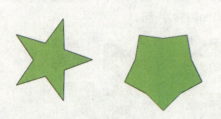

图2-9　顶点设置为0.5和1的星形效果　　　　图2-10　线条工具【属性】面板

4.【铅笔工具】(Y)

使用【铅笔工具】可以绘制出类似简笔画的效果,在【铅笔工具】中有3种绘图模式,分别是【伸直】、【平滑】及【墨水】,如图2-11所示。

图2-11　铅笔工具【属性】面板(左),铅笔工具3种绘图模式(右)

(1)【伸直】模式下的绘图接近于模糊处理绘图方式,绘制的图形线段会根据绘制的方式自动调整为平直或圆弧的线段。

(2)【平滑】模式下的绘图,所绘制的线条被自动平滑处理,适用于绘制流畅平滑的线条。

(3)【墨水】模式下的绘图,所绘制直线接近手绘。【墨水】模式是在【平滑】模式的基础上绘制得更真实,即使是很小的抖动都会体现在所绘制的线条中,而【平滑】模式则会处理掉这些抖动。

5.【选择工具】(V)和【部分选取工具】(A)

在Animate CC中,调整图形形状,使用【选择工具】和【部分选取工具】,前者是直接调整线段,后者则是以路径的形式调整。操作如下:

(1)在舞台中用【铅笔工具】绘制一条直线,切换到【选择工具】,把光标移动到直线下方,当光标变成形状时,可将线条调整为曲线,如图2-12所示。

图2-12　用【选择工具】调整直线为曲线

(2)把光标移动到线段的端点位置,光标变成形状时,可改变端点位置,如图2-13所示。

(3)把光标移动到直线下方,按住【Ctrl】键的同时,按住着鼠标左键不放并拖动,此时光标变成形状,表示在此线段中添加一个节点,将此线段分为两条线段,如图2-14所示。

图2-13 改变端点位置

图2-14 添加新节点后的线段

（4）选择工具箱中的【部分选取工具】，再单击舞台上的图形或线条，操作对象均会以路径的形式出现。

（5）使用【部分选取工具】，选取图形或线条上要移动的锚点，拖动鼠标可改变锚点位置，借助【Shift】键可以同时选取多个锚点进行拖动。

（6）借助【Alt】键可以调整直线点为曲线点，此方法分为同时调整2个调节句柄和单独调整1个调节句柄。

（7）选取其中一个锚点，配合【Alt】键，可以同时调整2个调节句柄，可以得出平滑曲线效果；当锚点成为曲线点，且看到2个调节句柄时，选取其中1个调节句柄（配合【Alt】键），可以单独调整，可以得出尖突曲线效果，如图2-15所示。

图2-15 利用【部分选取工具】修改的效果图

6.【任意变形工具】(Q)

使用【任意变形工具】可以对操作对象进行缩放、旋转、倾斜和扭曲，还可以通过【封套】功能对操作对象进行调整，一般情况下，旋转、倾斜及缩放功能不用特定选择功能按钮，除【封套】功能外，其他变形操作都可以进行，如图2-16所示。

图2-16 【任意变形工具】的4种模式（左），变形框（右）

——旋转与倾斜，旋转：调整变形中心点到新的旋转中心的位置后，将光标放在变形框任意1个角的控制柄上时，光标呈现形状时，按住鼠标不放并拖动，即以新的位置作为旋转中心点旋转操作对象。倾斜：将光标移动到变形框的任意一条边线上，光标呈现形状时，按住鼠标左键不放并拖动，即可倾斜操作对象，如图2-17所示。

——缩放，将光标放在变形框任意一个角或边线上，光标呈现形状时，按住鼠标左键不放并拖动，即可改变操作对象的宽度或高度，也可以等比例的方式同时改变操作对象的宽度及高度。

第2章 Animate强大的绘图功能

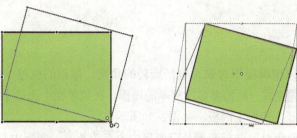

图2-17 旋转模式(左),倾斜模式(右)

——扭曲,扭曲变形只能用于分散对象。单击【扭曲】按钮或按住【Ctrl】键的同时将光标放在变形框的任意一个控制点上,光标呈现 形状时,按住鼠标不放并拖动,即可对操作对象进行扭曲,如图2-18所示。

——封套,封套变形只能用于分散对象。单击【封套】按钮,此时操作对象四周出现一个封套控制框,每个控制点与路径的锚点一致,有两个调节句柄,通过调整调节句柄达到调整的效果,如图2-19所示。

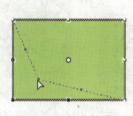

图2-18 扭曲模式

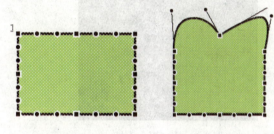

图2-19 封套模式

小贴士

调整某一个控制点时,两个调节句柄同时进行调整;按住【Alt】键,可以单独调整一个调节句柄。

案例 2-2 壮族铜鼓鼓面的绘制

情境导入

铜鼓是中国艺术宝库中的瑰宝之一,迄今已有2 700多年的历史。其中以广西数量最多、分布最广。作为一种融合民族风情的打击乐器,壮族铜鼓以其独特的民族纹饰、流畅的线条流传于世,赢得了人们的好评。

案例说明

综合运用椭圆、矩形、线条及多角星形等绘制铜鼓鼓面。

视 频

壮族铜鼓鼓面的绘制

- 19 -

相关知识

【变形】面板

利用【变形】面板可以精确操作对象，包括旋转的角度、倾斜的位移、缩放的大小及3D旋转等，配合【重制选区和变形】completed一些需要多次复制的操作。在菜单栏中选择【窗口】|【变形】命令（或按【Ctrl+T】组合键），打开【变形】面板，如图2-20所示。

使用【变形】面板对操作对象进行变形是以变形中心点为基准，变形中心点决定变形的移动轨迹，因此一般会先使用【任意变形工具】修改变形中心点的位置，然后再变形，如图2-21所示。

图2-20 【变形】面板

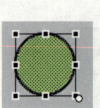 

图2-21 新变形中心点的位置（左），围绕变形中心点旋转的最终效果（右）

案例实施

（1）运行Animate CC软件，在欢迎窗口中选择【新建】|【ActionScript 3.0】选项，新建一个文件。

（2）在【图层1】中绘制一个圆形，设置宽度为20，高度为20，笔触为0，填充色为黑色。

（3）参照步骤（2），绘制一个宽度、高度均为40的圆形。

（4）参照步骤（2），分别绘制圆形直径为60、80、100的圆形，填充色均为黑色。

（5）直径为100的圆形，设置笔触为3，笔触颜色为白色。

（6）直径为40和80的圆形，填充色：白色。

（7）在菜单栏中选择【窗口】|【对齐】命令，打开【对齐】面板，如图2-22所示，选择所有圆形，调整为【水平中齐】和【垂直中齐】，效果如图2-23所示。

图2-22 【对齐】面板　　　　图2-23 步骤（1）~步骤（7）的效果图

（8）选择【多角星形工具】，设置填充色为黑色，笔触为0，宽度为200，高度为200。单击【属性】|【工具设置】|【选项】按钮，弹击【工具设置】对话框，参数设置如图2-24所示。

图2-24 【多角星形工具】参数设置

（9）选中已经绘制好的形状，单击【水平中齐】和【垂直中齐】按钮进行对齐操作。

（10）绘制宽度、高度均为200的圆形，绘制宽度、高度均为220的圆形，设置填充色为白色，笔触为4，黑色。

（11）用【线条工具】绘制一条垂直线设置高度为240，填充色为黑色。

（12）选择此线条，调出【变形】面板，在【旋转】设置角度为10，重复单击【重制选区和变形】，形成一个由线条组成的圆形，如图2-25所示。

（13）新建【图层10】，绘制宽度、高度均为240的圆形，设置填充色为白色，笔触为7，黑色，效果如图2-26所示。

图2-25 由线条组成的圆

图2-26 效果图（1）

（14）绘制同心圆，3个圆形的直径分别为：10、20、30。选择此同心圆，在弹出的快捷菜单中，选择【转换为元件】命令，修改【名称】为"同心圆"，单击【确定】按钮即可。修改同心圆的变形中心点，将中心点移动至图的中心位置，如图2-27所示。

（15）利用【变形】面板，旋转角度设置为20，效果如图2-28所示。

图2-27 同心圆中心点移至中心位置

图2-28 效果图（2）

（16）选择所有同心圆，将它们进行群组，按【Ctrl+G】组合键；如果没有群组所有同心圆，接下来使用【对齐】命令，则会将所有同心圆重叠放置，无法达到最终效果。

（17）新建图层，完善铜鼓鼓面，最终效果如图2-29所示。

图2-29　铜鼓最终效果图

案例 2-3　"海上生明月，天涯共此时"的场景绘制

"海上生明月，天涯共此时"的场景绘制1

"海上生明月，天涯共此时"的场景绘制2

情境导入

"海上生明月，天涯共此时"，此诗句来自唐朝诗人张九龄的诗《望月怀远》。

海上生明月，天涯共此时。
情人怨遥夜，竟夕起相思。
灭烛怜光满，披衣觉露滋。
不堪盈手赠，还寝梦佳期。

诗歌原意：一轮皎洁的明月，从海上徐徐升起；和我一同仰望的，有远在天涯的亲友。有情人天各一方，同怨长夜之难挨；孤身，彻夜不成眠，辗转反侧起相思。灭烛欣赏明月，清光淡淡，撒满地；起身，披衣去闲散，忽觉露珠侵人肌。月光虽美难采撷，送它给远方亲人；不如回家睡觉，或可梦见，相会佳期。

而现在，人们更多地用"海上生明月，天涯共此时"来表达游子的思乡之情。

案例说明

用丰富的色彩制造出迷人的场景。

相关知识

一、填充和笔触颜色设置

用户绘制好图形后，需要给图形上色，其中包括填充和笔触（轮廓线），可以利用工具箱的颜色区或工具的【属性】面板选择填充和笔触颜色，如图2-30所示。

单击填充（笔触）的色块，在打开的【拾色器】面板中选择需要的颜色，如果面板中没有所需颜色，还可以单击 按钮，在弹出的【颜色】对话框中选择所需颜色。

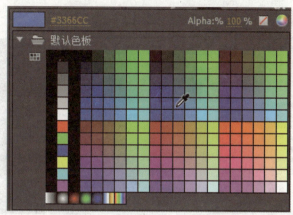

图2-30 工具箱颜色区

■——黑白。笔触自动设置为黑色，填充设置为白色。

■——交换颜色。在填充和笔触之间切换颜色，仅限黑、白两色。

Alpha:% 100%——透明度。单击此处可以调整颜色的透明值。

■——无填充（笔触）设置。填充（笔触）设置为0。

如果要设置更丰富的渐变色填充，则需要使用【颜色】面板，在菜单栏中选择【窗口】|【颜色】命令，打开【颜色】面板，如图2-31所示。

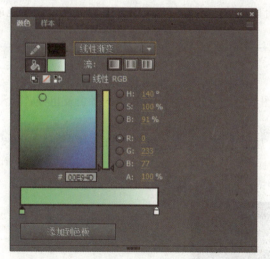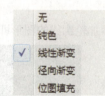

图2-31 【属性】面板中的渐变色设置

H/S/B——色相/饱和度/亮度设置。

A——透明度设置（Alpha）。

位图填充——在弹出的【导入到库】对话框中，选择要导入的素材，则将此素材存储到库，用户可随时调动库中的素材作为填充或笔触使用，如图2-32所示。

图2-32　位图填充设置

二、【颜料桶工具】（K）

使用【颜料桶工具】可以为图形填充颜色，也可以修改原有的填充色。操作如下：

单击【颜料桶工具】，选择【空隙大小】按钮中的选项进行设置，如图2-33所示。

图2-33　设置填充模式

 小贴士

在实际应用中，尽量用封闭区域，不留任何缺口，【空隙大小】功能的使用体验不太友好。

三、【墨水瓶工具】（S）

使用【墨水瓶工具】可以修改图形笔触（轮廓线）或线条的颜色及粗线；为没有轮廓线的区域添加轮廓。操作如下：

（1）选择【墨水瓶工具】，在其【属性】面板中，选择需要的颜色，设置笔触为20，样式为"斑马线"。

（2）单击需要添加轮廓线的图形即可，如图2-34所示。

 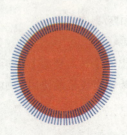

图2-34　【墨水瓶工具】属性面板及设置效果

案例实施

一、新建ActionScript 3.0

运行Animate CC软件,在欢迎窗口中选择【新建】|【ActionScript 3.0】选项,新建一个文件。

二、制作凉亭

(1) 在图层1,利用【多角星形工具】绘制一个三角形,并进行适当调整。
(2) 分别绘制两个椭圆形,通过【对齐】命令进行【水平居中】调整。
(3) 通过【选择工具】调整并选中多余的线条,然后删除,效果如图2-35所示。
(4) 使用【矩形工具】绘制凉亭的框架部分。
(5) 用同样的方法绘制凉亭其他部分的效果图,如图2-36所示。

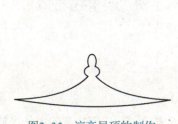

图2-35 凉亭屋顶的制作

图2-36 凉亭的最终效果

三、制作背景

(1) 天空和海面的制作。用【矩形工具】绘制一个方形,在菜单栏中选择【窗口】|【颜色】命令,打开【颜色】面板,笔触:0,将填充部分设置为线性渐变,设置如图2-37所示;旋转该矩形,并将其大小调整为与舞台一致。

(2) 添加月亮与云朵。使用【椭圆工具】绘制一个近似于圆形的椭圆,设置笔触为0,填充为淡黄色;用【椭圆工具】绘制大小不一的椭圆,设置笔触为0,填充为白色,并将它们叠放在一起组成云朵的样式。

(3) 为了体现海浪涌动的效果,在水面上添加倒影效果,可以使用【椭圆工具】制作月牙形状的倒影效果,如图2-38所示。

(4) 山丘的制作。使用【椭圆工具】绘制一个椭圆,使用【选择工具】调整其轮廓线及形状,将制作好的凉亭放置于山顶位置,并适当调整大小,最终效果如图2-39所示。

图2-37 背景图渐变色设置

图2-38 背景效果图

图2-39 最终效果图

壮锦玫瑰绘制

案例2-4 钢笔工具——壮锦玫瑰绘制

情境导入

壮　　锦

壮锦，与云锦、蜀锦、宋锦并称中国四大名锦，据传起源于宋代，是广西特有的中华民族文化瑰宝。这种利用棉线或丝线编织而成的精美工艺品，图案生动、结构严谨、色彩斑斓，充满热烈、开朗的民族格调，体现了壮族人民对美好生活的追求与向往。

案例说明

在Animate CC中利用所提供的壮锦图案，绘制出玫瑰花。

相关知识

一、钢笔工具

Animate CC软件中的【钢笔工具】可以自由绘制规则图形、曲线图形；可以改变曲线弯曲度，灵活度极大。

（1）选择工具箱中的【钢笔工具】。【钢笔工具】的图标像一支钢笔的笔尖，如图2-40所示。

（2）移动鼠标指针到舞台中，当指针变为图2-41红色框中的形状时，表示可以开始绘制了。钢笔工具在Animate CC中画出的图形都称为路径。路径的形状、大小等都可以修改。

图2-40 钢笔工具

图2-41 钢笔工具在舞台中

二、元件

Animate CC元件是Animate CC动画中一个最基本的概念。元件不仅在动画中使用，有时在进行图形绘制临摹时，也会使用元件的部分属性。

案例实施

(1) 运行Animate CC 2017软件，选择【新建】|【ActionScript 3.0】选项，新建一个文件。

(2) 选择【文件】|【导入】|【导入到舞台】命令，（快捷键【Ctrl+R】），如图2-42所示。

图2-42 插入图片

(3) 调整图片尺寸，选中图片，右击，在弹出的快捷菜单中选择"转换为元件"命令。在打开的【转换为元件】对话框中将元件名称设置为"背景"，类型设置为图形。锁定图层1，如图2-43所示。

图2-43 转化元件

(4) 选中背景元件，在【属性】面板的【色彩效果】区域设置【样式】为【Alpha】，调整Alpha值为46%左右，如图2-44所示。

(5) 新建图层2，在图层2上使用【矩形工具】和【钢笔工具】进行图形绘制。

① 使用【矩形工具】绘制矩形，并设置该矩形的边线颜色为黄色，无填充颜色，笔触为3，如

图2-45所示。

②使用【矩形工具】绘制矩形，并使用【任意变形工具】将矩形旋转45°，如图2-46所示。

图2-44　调整Alpha值

图2-45　矩形属性设置

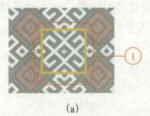

图2-46　矩形设置

③使用【钢笔工具】根据图片进行临摹绘制，如图2-47所示。

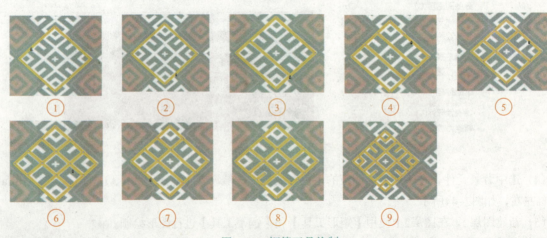

图2-47　钢笔工具绘制

④使用【橡皮擦工具】按照样图擦除多余的线条，如图2-48所示。

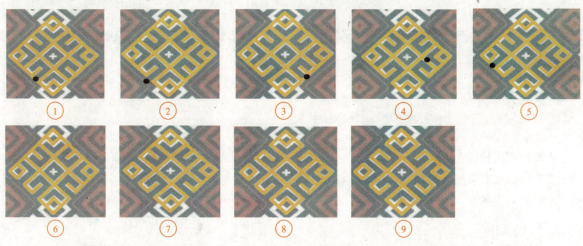

图2-48　擦除多余部分

（6）删除图层1，将图层2上的图形选中，按【Ctrl+B】组合键打散，改变线条的颜色为红色，使用【任意变形工具】将其拉长变成菱形，作为玫瑰花的花苞，如图2-49所示。

（7）使用【钢笔工具】绘制出玫瑰花的叶子，并用【颜料桶工具】进行颜色填充；选中叶子，按【Ctrl+G】组合键进行组合，如图2-50所示。

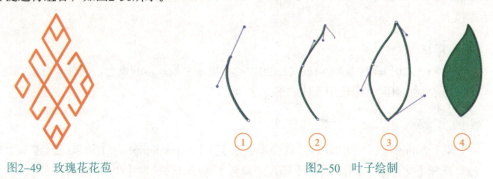

图2-49　玫瑰花花苞　　　　　　　　　　图2-50　叶子绘制

（8）使用【钢笔工具】绘制花枝，绘制完成后，进行颜色填充，按【Ctrl+G】组合键进行组合，如图2-51所示。

（9）将花骨朵、叶子、花枝这三部分进行组合，如图2-52所示。

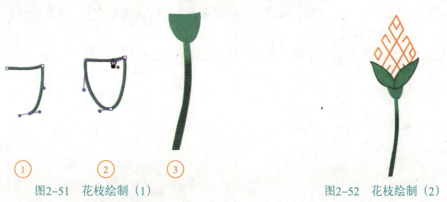

图2-51　花枝绘制（1）　　　　　　图2-52　花枝绘制（2）

案例 2-5　钢笔工具——壮族图腾鹭鸟绘制

壮族图腾鹭鸟绘制

📖 情境导入

壮族十二图腾

人们把广西壮族自治区誉为"铜鼓之乡"。铜鼓是壮族人民的传统文化遗产，原来用作法器、乐器，后来演变成权威的象征。铜鼓上面刻有太阳纹、羽人纹、鹭纹、水波纹、圆圈纹、象眼纹等，还饰有青蛙、水鸭等立体雕饰。

📖 案例说明

在Animate CC 2017中利用所提供的壮族鹭纹，绘制出鹭纹，可发挥想象力，填充不同的颜色。

📖 相关知识

一、钢笔工具

Animate CC 2017软件中的【钢笔工具】可以自由绘制规则图形、曲线图形，可以改变曲线弯曲度，灵活度极大。

二、元件

Animate CC 2017元件是Animate CC 2017动画里一个最基本的概念。元件不仅在动画中使用，有时在进行图形绘制临摹时，会使用元件的部分属性。

📖 案例实施

（1）运行Animate CC 2017软件，选择【新建】|【ActionScript 3.0】选项，新建一个文件。

（2）选择【文件】|【导入】|【导入到舞台】命令（快捷键【Ctrl+R】）。

（3）调整图片大小，按住【Shift】键等比例缩小。右击图片，在弹出的快捷菜单中选择【转换为元件】命令（见图2-53），弹出【转换为元件】对话框，元件名称改为【鹭鸟1】，类型设置为【图形】，如图2-54所示。

（4）选中背景元件，在【属性】面板的【色彩效果】区域设置【样式】为【Alpha】，调整Alpha值为46%左右，如图2-55所示。

（5）新建图层2，在图层2上使用【钢笔工具】进行图形绘制。

图2-53 选择【转换为元件】命令

图2-54 【转换为元件】对话框

①使用【矩形工具】绘制矩形,并设置该矩形的边线颜色为黄色,无填充颜色,笔触为1.00,如图2-56所示。

图2-55 调整Alpha值

图2-56 钢笔工具属性设置

②使用【钢笔工具】绘制出鹭鸟的尾部轮廓,如图2-57所示,效果如图2-58所示。
③选中尾部线条,选择【修改】|【形状】|【将线条转换为填充】命令,如图2-59所示。

图2-57 尾部轮廓

图2-58 尾部整体

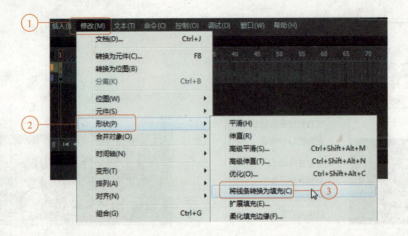

图2-59 线条转化为填充

④将线条转换为填充后,使用【选择工具】和【部分选取工具】配合,对线条进行修饰,如图2-60所示。

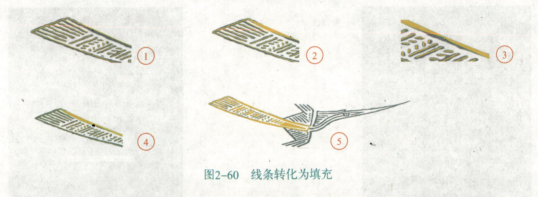

图2-60 线条转化为填充

⑤按照绘制尾部的方法绘制其余部分,并将图层1删除,最终效果如图2-61所示。

图2-61 完整鹭纹

(6)线条颜色可以用其他颜色,不用按照本书例子中所用颜色。完成后保存文件。

案例2-6　钢笔工具——壮族布洛陀人物绘制

视频

壮族布洛陀人物绘制

📖 情境导入

壮族布洛陀

布洛陀是壮族先民口头文学中的神话人物，是创世神、始祖神和道德神，其功绩主要是开创天地、创造万物、安排秩序、制定伦理等。"布洛陀"是壮语的译音，布洛陀的"布"是很有威望的老人的尊称，"洛"是知道、知晓的意思，"陀"是很多、很会创造的意思，"布洛陀"就是指"山里的头人""山里的老人"或"无事不知晓的老人"等意思。

📖 案例说明

在Animate CC中利用所提供的素材，绘制壮族神话人物的形象。

📖 相关知识

一、钢笔工具

Animate CC软件中的钢笔工具可以用来自由绘制规则图形、曲线图形，也可以改变曲线弯曲度，灵活度极大。

二、元件

Animate CC元件是Animate CC动画里一个最基本的概念。元件不仅在动画中使用，有时在进行图形绘制临摹时，也会使用元件的部分属性。

📖 案例实施

（1）运行Animate CC软件，选择【新建】|【ActionScript 3.0】选项，新建一个文件。

（2）选择【文件】|【导入】|【导入到舞台】命令（快捷键【Ctrl+R】），将【人物.png】及【壮族服饰.jpg】图片导入到库。

（3）锁定图层1，新建图层2，在图层2上使用【钢笔工具】绘制图形。

① 设置【钢笔工具】的线条颜色为黑色，笔触为0.2，如图2-62所示。

② 使用【钢笔工具】绘制出人物的头部，并按样图对五官进行颜色填充，分别转成元件，如图2-63所示。

③ 五官组合成头部，并将五官元件都选中，转化为【头部】元件，如图2-64所示。

④ 将图层2锁定，新建图层3，在图层3上绘制【颈脖】、【手臂】及【上半身】，按照样图进行颜色填充后，转换为元件，如图2-65所示；将这几个部分拼接后，转换为【上半身整体】元件，如图2-66所示。

图2-62　钢笔工具属性设置　　　　图2-63　五官元件

图2-64　头部整体

图2-65　躯体部分元件

图2-66　上半身整体

⑤新建图层4，锁定其他图层，在图层4上绘制【下半身】，并转换为元件，如图2-67所示。

⑥将人物各部分元件拼接后，人物初稿效果如图2-68所示。

⑦新建图层5，将【壮族服饰】图片从【库】中拉入该图层，调整图片大小，转化为元件。

⑧新建图层6，锁定其他图层，设置【钢笔工具】的线条颜色为绿色，笔触为0.2，画出人物的头巾，如图2-69所示。

⑨继续在图层6中绘制出人物领子及衣服上的花纹，并将衣服裤子的颜色设置为黑色，如图2-70所示。

⑩双击可进入各个元件中，对人物各个部分进行微调，调整完成后，将人物所有部分选中，转换成名为"布洛陀"的元件。最终效果如图2-71所示。

图2-67　下半身　　图2-68　人物初稿　　图2-69　头巾　　图2-70　花纹　　图2-71　布洛陀

小　　结

本章主要介绍了Animate CC绘图和填充工具的使用方法。总的来说，这些工具的使用都很简单，要想绘制出需要的图形，关键是要多观察生活中的事物，多欣赏别人的作品。在本章的学习中还应注意以下几点：

（1）默认情况下，在Animate中绘制的矢量图形由轮廓线和填充组成，而且是分散的，这样的好处是方便单独对轮廓线或者填充进行调整。

（2）在绘制图形轮廓线时，需要注意的是各线条之间一定要交接好，这样才方便使用【颜料桶工具】为图形的不同区域填充颜色。

（3）很多看似简单的工具，只要巧妙应用，便能绘制出生动的图形，例如，【线条工具】虽然只能绘制直线，但通过与【选择工具】配合使用，几乎可以绘制出任何形状的图形轮廓线。

（4）默认情况下，在Animate中绘制的线条，会在交叉处分成独立线段，从而方便使用【选择工具】选取不同的线段并删除，或调整图形的形状。

（5）【颜料桶工具】用于为图形的封闭或半封闭区域填充纯色、渐变色和位图，而【墨水瓶工具】用于改变线条属性。

（6）选择【颜料桶工具】后，除了可以利用工具箱和属性面板设置纯色填充外，还可以在【颜色】面板中设置纯色、线性渐变色、径向渐变色和位图。

（7）使用【颜料桶工具】为对象填充线性渐变、定向渐变或位图后，可利用【线性渐变工具】调整渐变色及位图的方向、角度和大小等属性。

（8）在使用【滴管工具】吸取渐变色后，必须取消按下【锁定填充】按钮才能正常填充。此外，使用【滴管工具】吸取位图时，必须先将位图分离。

练习与思考

下面利用本章所学知识绘制如图2-72所示的灯笼，并对其进行填充，效果如图2-73所示。

图2-72　灯笼轮廓图

图2-73　灯笼填充颜色效果图

第3章

基本动画类型的制作

　　二维动画是基于矢量的动画，其优点是价格低廉，同时也很容易访问。使用二维动画，需要对关键帧有基本的了解。动画制作中绘图和编辑图形、补间动画是基本的功能，也是动画设计的核心。通过对动画应用程序设计的相关创新，Animate动画制作形成了不同的类型。

　　逐帧动画是一种常见的动画形式（Frame By Frame），其原理是在"连续的关键帧"中分解动画动作，也就是在时间轴的每帧上逐帧绘制不同的内容，使其连续播放而成动画。因为逐帧动画的帧序列内容不一样，不但给制作增加了负担，而且最终输出的文件量也很大，但其优势也很明显：逐帧动画具有非常大的灵活性，几乎可以表现任何想表现的内容，且其类似于电影的播放模式很适合表现画面细腻的动画。

　　Animate动画制作中动作补间动画是非常重要的一种表现形式，动作补间动画的对象必须是"原件"或"组成"对象。在一个关键帧上放置一个元件，然后在另一个关键帧上改变元件的大小、颜色、透明度等，Animate便根据两者之间帧的值自动创建相应的动画效果。

形状补间动画在一个关键帧中绘制一个形状，然后在另一个关键帧中更改该形状或者绘制另一个形状，Animate根据两者之间帧的值来创建动画。Animate动画制作形状补间动画，使用的元素是图形元件、按钮、文字，因此需要先将其进行分离，然后才能创建。

Animate动画制作中将一个或多个层链接到一个运动的引导层，使对象沿着同一条路径运动的动画形式，称为引导层动画。在Animate中引导层是用来指示元件运动路径的，所以引导层中可以用钢笔、铅笔、线条、矩形工具等绘制线段，从而形成曲线或者不规则运动。

以上便是Animate动画制作的几种基本类型，Animate动画制作被大量应用于互联网网页的矢量动画设计中，取得了快速、广泛的传播效果。

本章将学习动画的形成原理、帧的含义和分类、逐帧动画、补间动画、引导层动画、补间形状动画的制作方法，学会制作倒计时动画、行走动画、飞行动画、形变动画等基本动画类型的制作，同时学习动画预设、动画编辑器的应用。

学习目标

- 了解动画的形成原理。
- 理解帧的含义和分类。
- 掌握逐帧动画、补间动画、引导层动画、补间形状动画的制作方法。
- 学会制作倒计时动画、行走动画、飞行动画、形变动画等基本动画。
- 掌握动画预设的应用。
- 了解动画编辑器的应用。
- 学习传统文化相关的动画实例，在学习过程中领略民族之美，感受民族文化的魅力，提高学生的审美能力及色感。通过学习使用多种制作动画的方法，实现不同的动画效果，在此过程中培养学生的综合运用知识分析、处理问题的能力。

案例 3-1　逐帧动画——倒计时

📓 情境导入

龟兔赛跑

兔子长了四条腿，一蹦一跳，跑得可快啦。乌龟也长了四条腿，爬呀，爬呀，爬得真慢。

有一天，兔子碰见乌龟，看见乌龟爬得这么慢，就想戏弄他，于是笑眯眯地说："乌龟，乌龟，咱们来赛跑，好吗？"乌龟知道兔子在开他玩笑，瞪着一双小眼睛，不理也不睬。兔子知道乌龟不敢跟他赛跑，乐得摆着耳朵直蹦跳，还编了一支山歌笑话他：

乌龟，乌龟，爬爬爬，一早出门采花；乌龟，乌龟，走走走，傍晚还在门口。

乌龟生气了，说："兔子，兔子，你别神灵现的，咱们就来赛跑！"

兔子一听，差点笑破了肚子："乌龟，你真敢跟我赛跑？那好，咱们从这儿跑起，看谁先跑到那边山脚下的一棵大树。5，4，3，2，1，GO"兔子撒开腿就跑，跑得真快，一会儿就跑得很远了。他回头一看，乌龟才爬了一小段路呢，心想：乌龟敢跟兔子赛跑，真是天大的笑话！我呀，在这儿睡上一大觉，让他爬到这儿，不，让他爬到前面去吧，我三蹦二跳的就追上他了。

兔子往地上一躺，合上眼皮，真的睡着了。再说乌龟，爬得也真慢，可是他一个劲儿地爬，爬呀，爬呀，爬，等他爬到兔子身边，已经筋疲力尽了。兔子还在睡觉，乌龟也想休息一会儿，可他知道兔子跑得比他快，只有坚持爬下去才有可能赢。于是，他不停地往前爬、爬、爬。离大树越来越近了，只差几十步了，十几步了，几步了………终于到了。

兔子呢？他还在睡觉呢！兔子醒来后往后一看，唉，乌龟怎么不见了？再往前一看，哎呀，不得了了！乌龟已经爬到大树底下了。兔子一看可急了，急忙赶上去可已经晚了，乌龟已经赢了。

兔子跑得快，乌龟跑得慢，为什么这次比赛乌龟反而赢了呢？

这个故事告诉大家：不可轻易小视他人。虚心使人进步，骄傲使人落后。要踏踏实实地做事情，不要半途而废，才会取得成功。

📋 案例说明

产品发布、电影上映、活动开始……倒计时能起到提醒作用。倒计时显示的时间是剩下的时间，过一天少一天，过一分钟少一分钟，既要按计划行事，也要抓紧时间，保质保量把工作做好。人生也是如此，生命一天一天地过去，不要白白耗费了美好的时光，做有意义的事，既利人也利己。例如，领导给你一项紧急起草一份报告的工作：很重要，下午3点前完成！你一看，现在都11点多了，也就剩3个多小时了，我得加油啊！本例通过龟兔赛跑中的开始比赛倒计时来学习倒计时动画制作。

📒 相关知识

一、逐帧动画的动画原理

逐帧动画是利用一系列逐张变化的图像来组成的动态效果，是最传统的动画形式，其方法简单来说就是一帧一帧地把每一张变化的图像都绘制出来，可以说逐帧动画中需要制作的每一帧都是关键帧。用这种方式，几乎可以完成所有的动画效果，缺点就是需要逐张制作，比较耗时费力，工作量十分大，而优点就是可以灵活地把握每个动态。

二、帧的种类和含义

1．帧的定义

在Animate CC 2017中，通过连续播放一系列静止画面，给视觉造成连续变化的效果，这一系列单幅的画面称为"帧"。在Animate中，帧是最小的时间单位。

2．帧的种类

（1）空白关键帧：白色背景带有黑圈的帧为"空白关键帧"。表示在当前舞台中没有任何内容。

（2）关键帧：灰色背景带有黑点的帧为"关键帧"。表示在当前场景中存在一个"关键帧"，在"关键帧"相对应的舞台中存在一些内容。

（3）普通帧：存在多个帧。带有黑色圆点的第一帧为"关键帧"，最后一帧上面带有黑色的矩形框，为"普通帧"。除了第一帧以外，其他"帧"均为"普通帧"。

（4）传统补间帧：带有黑色圆点的第一帧和最后一帧为"关键帧"，中间蓝色背景带有黑色箭头的"帧"为"传统补间帧"。

（5）形状补间帧：带有黑色圆点的第一帧和最后一帧为"关键帧"，中间绿色背景带有黑色箭头的"帧"为"形状补间帧"。"帧"上出现虚线，表示是未完成或中断了的"补间动画"，虚线表示不能够生成"形状补间帧"。

（6）包含动作语句的帧：第一帧上出现一个字母"a"，表示这一帧中包含了使用【动作】面板设置的动作语句。

（7）帧标签：第一帧上出现一面红旗，表示这一帧的"标签"类型是"名称"。红旗右侧的"aa"是"帧标签"的名称。第一帧上出现两条绿色斜杠，表示这一帧的"标签"类型是"注释"。"帧注释"是对帧的解释，帮助理解该帧在影片中的作用。第一帧上出现一个金色的锚，表示这一帧的"标签"类型是"锚记"。"帧锚记"表示该帧是一个定位，方便浏览者在浏览器中快进、快退。

3．帧频

在Animate CC 2017中，"帧频"就是影片播放的速度，动画就是有很多张序列图片组成。例如，一个动作如果用12帧频来播放就把这一个动作分为12个分解动作，如果用24帧来播放一个动作就会分为24个分解动作，一般默认的是12或者24帧频，也就是说1秒内Animate会从第一帧播放到24帧。如果"帧率"太慢就会给人造成视觉上不流畅的感觉，所以，按照人的视觉原理，一般将动画的"帧率"设为24帧/秒。

4．帧的操作

（1）插入帧，操作如下：

①选择【插入】|【时间轴】|【帧】命令（快捷键【F5】），可以在"时间轴"上插入一个"普通帧"。

②选择【插入】|【时间轴】|【关键帧】命令（快捷键【F6】），可以在"时间轴"上插入一个"关键帧"。

③选择【插入】|【时间轴】|【空白关键帧】命令（快捷键【F7】），可以在"时间轴"上插入一个"空白关键帧"。

（2）选择帧，操作如下：

①选择【编辑】|【时间轴】|【选择所有帧】命令，选中"时间轴"中的所有帧。单击要选的帧，帧变为深色。

②选中要选择的帧，按住鼠标左键，向前或向后拖动，鼠标指针经过的帧全部被选中。

③按住【Ctrl】键的同时，单击要选择的帧，可以选择多个不连续的帧。

④按住【Shift】键的同时，单击要选择的两个帧，这两个帧中间的所有帧都被选中。

（3）移动帧，操作如下：

①选中一个或多个帧，按住鼠标左键，拖动所选帧到目标位置，在移动过程中，如果按住【Alt】键，会在目标位置上复制出所选的帧。

②选中一个或多个帧，选择【编辑】|【时间轴】|【剪切帧】命令，或按【Ctrl+Alt+X】组合键，剪切选中的帧。

③选中目标位置，选择【编辑】|【时间轴】|【粘贴帧】命令，或按【Ctrl+Alt+V】组合键，在目标位置上粘贴所选中的帧。

（4）删除帧，操作如下：

①右击要删除的帧，在弹出的快捷菜单中选择【清除帧】命令，将选中的帧删除。

②选中要删除的帧，按【Shift+F5】组合键删除帧。

③选中要删除的关键帧，按【Shift+F6】组合键删除关键帧。

案例实施

一、倒计时每一帧对应的图画（见图3-1）

图3-1　倒计时动画需要用的图片

二、制作步骤

（1）运行Animate CC 2017软件，选择【新建】|【ActionScript 3.0】选项，新建一个文件，如图3-2所示。

图3-2　新建文件

(2) 选择【椭圆工具】绘制一个圆，圆的大小（宽300，高300），笔触为5，边框颜色为黑色，填充颜色为紫色，如图3-3所示。

(3) 选择【文本工具】，在圆中输入文本"5"，把字符系列改成"黑体"，大小为"250"磅，文本颜色为黑色，效果如图3-4所示。

图3-3　圆的属性

图3-4　输入文本

(4) 将光标移动到第二帧，右击，在弹出的快捷菜单中选择【插入关键帧】命令（快捷键【F6】），然后把文本改成"4"。

(5) 依此类推，制作后面几帧。

(6) 保存文件名为"案例3-1 逐帧动画——倒计时.fla"。

(7) 按【Ctrl+Enter】组合键测试影片效果。

(8) 将帧频改成"2"，再次保存并重新测试影片。

案例 3-2　逐帧动画——人物行走

视频

逐帧动画——
人物行走

 情境导入

千里赴约

东汉时，范式和张伯元是同学，他们是形影不离的好朋友。后因张伯元与范式痛恨奸佞当道，不愿做官，辞归故里。临别时，范式对张伯元说："两年后的今天我一定来看望你。"说完，二人依依惜别。

转眼，两年过去了，范式和张伯元约定见面的日子到了。这天一早，张伯元早早起床，将屋子打扫干净，又吩咐妻子准备丰盛的酒菜。可是，眼看就到中午了，范式还没有来，准备好的酒菜都快凉透了。妻子说："我想他一定是忘了今天的约会。不要再傻等下去了。"张伯元摇摇头，说："我的朋友是个说话算话的君子，他一定不会爽约的。"说着，他一个人来到路口，在烈日下苦苦守候。

天色越来越晚，太阳落山了，新月升了起来，张伯元的家人都认为范式一定不会来了，劝他赶快回家。这时,远处有一匹马飞奔而来,张伯元仔细一看,马上坐的正是自己的好友范式!

原来这两年来,范式时刻不忘与张伯元的约定。然而,当约定的日期临近时,偏巧范式家里有事脱不开身。但是,为了信守约定,范式纵马飞驰,还是从千里之外赶来赴约了。范式千里赴约的做法深深感动了张伯元和他的家人,也感动了后人,成为信守诺言的典范。

案例说明

人的动作是复杂的,但却有规律可循。人走路的运动规律:出右脚甩动左臂(朝前),右臂同时朝后摆。上肢与下肢的运动方向正好相反。另外,人在走路动作过程中,头的高低也必然成波浪形运动。当迈开步子时,头顶就略低,当一脚着地,另一只脚提起朝前弯曲时,头就略高。由此可以总结,人走路可以用五幅画组成一个完步,如图3-5所示。

相关知识

一、人物走路图例

人物走路分解图如图3-6所示。

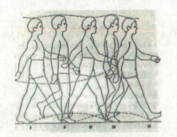

图3-5 人走路的运动规律

图3-6 人物走路分解图

二、【时间轴】面板

【时间轴】面板由【图层】和【时间轴】组成,如图3-7所示。

图3-7 时间轴面板

【眼睛】按钮:单击此图标,可以隐藏或显示图层中的内容。

【锁状】按钮:单击此图标,可以锁定或解锁图层。

【轮廓】按钮：单击此图标，可以将图层中的内容以线框的方式显示。

【插入图层】按钮：用于创建图层。

【插入图层文件夹】按钮：用于创建图层文件夹。

【删除图层】按钮：用于删除图层。

1．图层

图层的类型：

（1）普通图层。

（2）引导图层和被引导图层。

（3）遮罩图层和被遮罩图层。

2．图层的基本操作

右击图层，弹出的快捷菜单中包括以下命令：

【显示全部】命令：用于显示所有的隐藏图层和图层文件夹。

【锁定其他图层】命令：用于锁定除当前图层以外的所有图层。

【隐藏其他图层】命令：用于隐藏除当前图层以外的所有图层。

【新建图层】命令：用于在当前图层上创建一个新的图层。

【删除图层】命令：用于删除当前图层。

【引导层】命令：用于将当前图层转换为引导层。

【添加传统运动引导层】命令：用于将当前图层转换为运动引导层。

【遮罩层】命令：用于将当前图层转换为遮罩层。

【显示遮罩】命令：用于在舞台窗口中显示遮罩效果。

【插入文件夹】命令：用于在当前图层上创建一个新的层文件夹。

【删除文件夹】命令：用于删除当前的层文件夹。

【展开文件夹】命令：用于展开当前的层文件夹，显示出其包含的图层。

【折叠文件夹】命令：用于折叠当前的层文件夹。

【属性】命令：用于设置图层的属性，选择此命令，将弹出【图层属性】对话框，如图3-8所示。

3．创建图层

选择【插入】|【时间轴】|【图层】命令，创建一个新的图层，或者在【时间轴】面板下方单击【新建图层】按钮，创建一个新的图层。

图3-8　设置图层属性

4．选取图层

在【时间轴】面板中单击，选中该图层即可。当前图层会在【时间轴】面板中以深色显示，按住【Ctrl】键的同时，在要选择的图层上单击，可以一次选择多个图层。按住【Shift】键的同时，单击两个图层，这两个图层中间的其他图层也会被同时选中。

5．复制、粘贴图层

可以根据需要，将图层中的所有对象复制并粘贴到其他图层或场景中。

在【时间轴】面板中单击，选中要复制的图层。

选择【编辑】|【时间轴】|【复制图层】命令，进行复制。

6．删除图层

如果某个图层不再需要，可以将其删除。删除图层有以下两种方法：

（1）在【时间轴】面板中选中要删除的图层，在面板下方单击【删除】按钮，即可删除选中图层。

（2）在【时间轴】面板中选中要删除的图层，按住鼠标左键不放将其向下拖动，这时会出现实线，将实线拖动到【删除】按钮上进行删除。

7．隐藏、锁定图层和图层的现况显示模式

（1）隐藏图层。动画经常是多个图层叠加在一起的效果，为了便于观察某个图层中对象的效果可以把其他的图层隐藏起来。

在【时间轴】面板中单击【显示或隐藏所有图层】按钮下方的小黑圆点，那么小黑圆点所在的图层就被隐藏，在该图层上显示出一个叉号图标，此时图层将不能被编辑。

在【时间轴】面板中单击【显示或隐藏所有图层】按钮，面板中的所有图层同时将被隐藏。

（2）锁定图层。如果某个图层上的内容已符合要求，则可以锁定该图层，以避免内容被意外更改。

在【时间轴】面板中单击【锁定或解除锁定所有图层】按钮下方的小黑圆点，那么小黑圆点所在的图层就被锁定，在该图层上显示出一个锁状图标，此时图层将不能被编辑。

在【时间轴】面板中单击【锁定或解除锁定所有图层】按钮，面板中的所有图层将被同时锁定。再单击一下此按钮，即可解除锁定。

（3）图层的现况显示模式。为了便于观察图层中的对象，可以将对象以现况的模式进行显示。

在【时间轴】面板中单击【将所有图层显示为轮廓】按钮下方的实色正方形，那么实色正方形所在图层中的对象就呈现况模式显示，在该图层上实色正方形变为现况图标，此时并不影响编辑图层。

在【时间轴】面板中单击【将所有图层显示为轮廓】按钮，面板中的所有图层将被同时以线框模式显示。再单击此按钮，即可回到普通模式。

8．重命名图层

可以根据需要更改图层的名称，更改图层名称有以下两种方法：

（1）双击【时间轴】面板中的图层名称，名称变为可编辑窗台。输入要更改的图层名称。在图层旁边单击，完成图层名称的修改

（2）选中要修改名称的图层，选择【修改】|【时间轴】|【图层属性】命令，弹出【图层属性】对话框，在【名称】文本框中可以重新设置图层的名称，单击【确定】按钮，完成图层名称的修改。

案例实施

一、人物绘制

（1）运行Animate CC 2017软件，选择【新建】|【ActionScript 3.0】选项，新建一个文件。

（2）设置舞台大小为宽700像素，高400像素。

（3）选择【插入】|【新建元件】命令（快捷键【Ctrl+F8】），如图3-9所示。

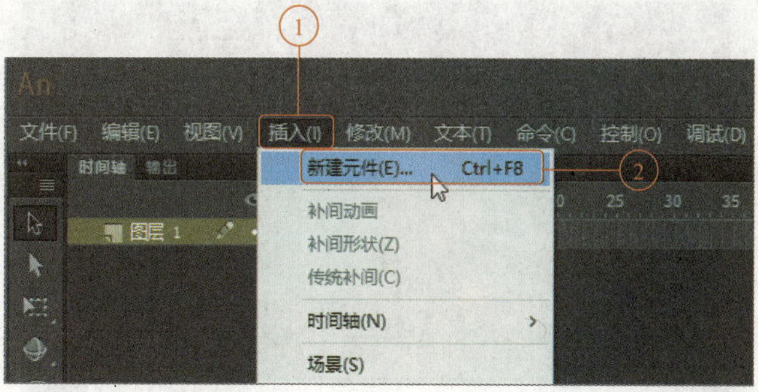

第3章 基本动画类型的制作

图3-9 【新建元件】命令

(4) 在【创建新元件】对话框中输入名称：人物1，类型选择"图形"，单击【确定】按钮，完成元件的创建，如图3-10所示。

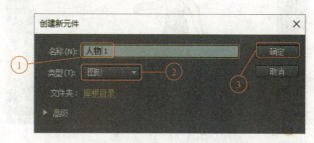

图3-10 【创建新元件】对话框

(5) 选择【文件】|【导入】|【导入到库】命令，选择素材文件。
(6) 把素材文件（见图3-6）拖动到舞台，并且移动第一个人物到"+"中间，把图层1锁定。
(7) 把缩放比例改成400，新建一个图层，并命名为"头发"，用【钢笔工具】绘制人物头发，锁定"头发"图层。
(8) 新建一个图层，并命名为"上身"，用【钢笔工具】绘制人物上身部分，锁定"上身"图层。
(9) 新建一个图层，并命名为"左手"，用【钢笔工具】绘制人物左手部分，锁定"左手"图层。
(10) 新建一个图层，并命名为"裤子"，用【钢笔工具】绘制人物裤子部分，锁定"裤子"图层。
(11) 新建一个图层，并命名为"左腿"，用【钢笔工具】绘制人物左腿部分，把"左腿"图层拉到"裤子"图层下面，锁定"左腿"图层。
(12) 新建一个图层，并命名为"右腿"，用【钢笔工具】绘制人物右手部分，把"右腿"图层拉到"裤子"图层下面，锁定"右腿"图层，如图3-11所示，最后删除"图层1"。
(13) 依此类推，完成后面"人物2""人物3""人物4""人物5"的绘制。

二、动画制作

(1) 选择【插入】|【新建元件】命令（快捷键【Ctrl+F8】）。
(2) 在创建新元件对话框中，输入名称：人物走路，类型选择"影片剪辑"，单击【确定】按钮，完成元件的创建。
(3) 选择【视图】|【标尺】（快捷键【Ctrl+Alt+Shift+R】），显示标尺，如图3-12所示。

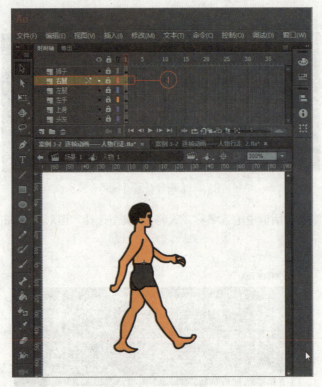

图3-11 绘制右腿

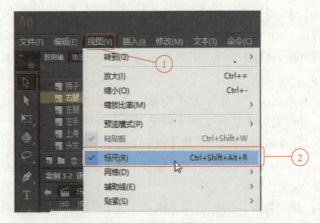

图3-12 显示标尺

（4）拖出一条水平标尺和一条垂直标尺，把"人物1"元件拖到舞台，其左下角与标尺交叉线重合，如图3-13所示。

（5）选择第5帧，选择【插入】|【时间轴】|【空白关键帧】命令（快捷键【F7】）。

（6）把"人物2"元件拖到舞台中，其左下角与标尺交叉线重合。

（7）依此类推，完成后面几张图的操作。

（8）回到场景1，把"人物走路"元件拖到第1帧并用【任意变形工具】适当进行缩放。

第3章 基本动画类型的制作

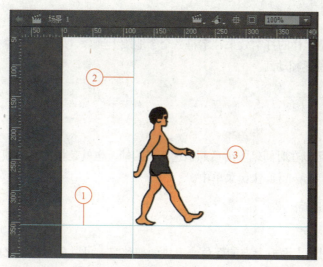

图3-13 把"人物1"元件拖到舞台

（9）选择第150帧，选择【插入】|【时间轴】|【关键帧】命令（快捷键【F6】）。
（10）把人物走路元件移动到舞台右边，创建传统补间动画。
（11）保存文件，按【Ctrl+Enter】组合键进行测试。

案例3-3 逐帧动画——打字效果

视频

逐帧动画——
打字效果

📻 情境导入

玩 物 丧 志

春秋时，卫懿（yì）公是卫国的第十四代君主。卫懿公特别喜欢鹤，整天与鹤为伴，如痴如醉，丧失了进取之志，常常不理朝政、不问民情。他还让鹤乘高级豪华的车子，比国家大臣所乘的还要高级，为了养鹤，每年耗费大量资财，引起大臣不满，百姓怨声载道。

公元前659年，北狄部落侵入国境，卫懿公命军队前去抵抗。将士们气愤地说："既然鹤享有很高的地位和待遇，现在就让它去打仗吧！"懿公没办法，只好亲自带兵出征，与狄人战于荥泽，由于军心不齐，结果战败而死。

后世人们不能忘记卫懿公玩鹤亡国的教训，就把他的行为称作"玩物丧志"。
古人有诗云：

曾闻古训戒禽荒，一鹤谁知便丧邦。
荥泽当时遍磷火，可能骑鹤返仙乡？

正是对卫懿公一针见血的讽刺。
【解释】玩物丧志，意指把玩无益之器物易于丧失意志，贻误大事。多含贬义。
【出处】《书·旅獒》："玩人丧德，玩物丧志。"

🔖 案例说明

Animate作品中看见这样的打字效果：字符一个个地跳上屏幕，后面还跟着一个闪动的光标，很有意思。打字效果实际上是逐帧动画。

📅 相关知识

一、翻转帧

翻转帧主要作用是可以在时间轴上前后颠倒选区里的帧，也就是把前面的帧放置到后面，后面的帧放置到前面，【翻转帧】在Animate快捷菜单中。

二、播放头和运行时间

1．播放头

"播放头"指【时间轴】面板上方的红色小方块。拖动它，可以在不同帧之间转换，看各帧之间有什么不同。

2．运行时间

运行时间显示在【时间轴】面板下方，如图3-14所示，表示当前时间轴中的动画时间长度。"运行时间"的单位为"s"。当"播放头"滑动到哪一帧时，"运行时间"显示为当前播放头所在位置的动画时间。

图3-14 【时间轴】面板

三、导入图片

1．矢量图和位图

矢量图由线条轮廓和填充色块组成，例如一朵花的矢量图实际上是由线段构成轮廓，由轮廓颜色以及轮廓所封闭的填充颜色构成花朵颜色。矢量图的优点是轮廓清晰、色彩明快，可以任意缩放而不会产生失真现象，缺点是难以表现出像照片那样连续色调的逼真效果。Animate软件主要以处理矢量图形为主。

位图又称点阵图、像素图、栅格图，由点阵组成，这些点进行不同排列和染色构成图样，因而位图的大小和质量取决于图像中点的多少，也就是像素的多少，位图类似于照片，能够较真实地再现人眼观察到的世界，因而适于表现风景、人像等色彩丰富、包含大量细节的图像。

2．Animate支持图形图像的格式

支持的位图图像有：.bmp、.jpg、.gif、.png和.psd等格式的位图图像。

支持的矢量图形有：.wmf、.emf、.dxf、.eps、.ai和.pdf等格式的矢量图形。

案例实施

一、导入背景图片

（1）运行Animate软件，选择【新建】|【ActionScript 3.0】命令，新建一个文件。
（2）选择【文件】|【导入】|【导入到舞台】命令（快捷键【Ctrl+R】）。
（3）选择【属性】，把"位置和大小"改成（X：0；Y：0），宽：550，高：400，把图层命名为"背景"并且锁住图层。
（4）把舞台背景颜色改成蓝色。

二、创建闪烁光标元件

（1）选择【插入】|【新建元件】命令（快捷键【Ctrl+F8】）。
（2）在【创建新元件】对话框中，输入名称：光标，类型选择"影片剪辑"，单击【确定】按钮，完成元件的创建。
（3）用【直线工具】绘制一条短线，把连线颜色改成白色，笔触大小为2，如图3-15所示。

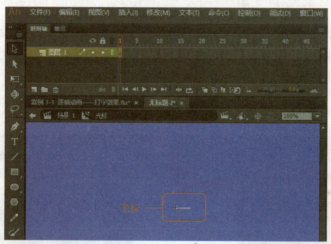

图3-15 绘制光标

（4）在第4帧插入关键帧（快捷键【F6】）；在第2、5帧插入空白关键帧（快捷键【F7】）；在第6帧插入普通帧（快捷键【F5】），如图3-16所示。

图3-16 制作闪烁光标

三、创建文字动画元件

（1）选择【插入】|【新建元件】命令（快捷键【Ctrl+F8】）。

（2）在【创建新元件】对话框中，输入名称"文字动画"，类型选择"影片剪辑"，单击【确定】按钮，完成元件的创建。

（3）把"图层1"重命名为"光标"，新建一个图层，命名为"文字"。

（4）把"光标"元件拖动到舞台"+"号右边，分别在两个图层的第6帧处插入关键帧（快捷键【F6】）。

（5）在"文字"图层第6帧处输入文本"玩人丧德，玩物丧志。"，把"系列"设置成"隶书"，把"大小"设置成"45"，把"姿色"设置成"黑色"，如图3-17所示，把光标移到第2个字下方。

（6）在"光标"图层第12帧处插入关键帧，把光标移到第3个字下方。

（7）在"光标"图层第18帧处插入关键帧，把光标移到第4个字下方。

图3-17 输入文字

（8）依此类推，直到把光标移到句号后面，锁定"光标"图层。

（9）在"文字"图层第12帧处插入关键帧，并把"文字"图层中本文内容的句号删除。

（10）在"文字"图层第18帧处插入关键帧，并把"文字"图层中本文内容的"志"删除。

（11）依此类推，直到只剩下最后一个字，完成所有内容制作。

（12）选择"文字"图层第6~66帧，在时间轴上右击，在弹出的快捷菜单中选择【翻转帧】命令，如图3-18所示。

图3-18 【翻转帧】命令

四、完成整体动画

（1）回到场景1，新建一个图层，命名为"矩形块"，在舞台下面绘制一个550像素×65像素、边线颜色为"无"、填充颜色为"黄色"的矩形，并锁定图层，如图3-19所示。

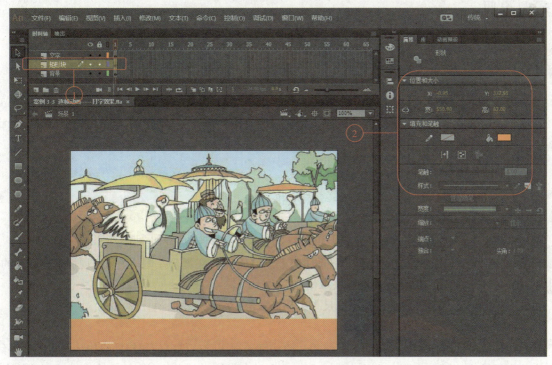

图3-19　绘制矩形块

（2）新建一个图层，命名为"文字"，把"文字动画"元件拖到黄色矩形块上，保存文件，按【Ctrl+Enter】组合键进行影片测试。

案例3-4　逐帧动画——打开扇子

视　频

逐帧动画——
打开扇子

📖 情境导入

洁身自好

　　战国时期，楚国三闾大夫屈原，因不与同朝贪官同流合污，被人陷害遭到流放。他常常一边走，一边吟唱着楚国的诗歌，心中牵挂着国家大事。一天，屈原来到湘江边，一个渔夫见到他后惊讶地问："你不就是屈原大夫吗？为何落到这般地步？"屈原叹息道："整个世道就像这泛滥的江水一样浑浊，而我却像山泉一样清澈见底。"渔夫故意说："世道浑浊，你为何不搅动泥沙，推波助澜？何苦洁身自好，遭此下场。"屈原说："我听说一个人洗头后戴帽，先要掸去帽上的灰尘；洗澡后穿衣先要抖直衣服。我怎么能使自己洁净的身躯被赃物污染呢。"渔夫听到这番话后对屈原正直高尚的品格十分敬佩，于是唱着歌，划着船离开了。

【解释】洁身自好，形容在污浊的环境中，保持自身洁白，不同流合污。也指顾惜尊重自己，不与他人纠缠。

【出处】《楚辞·渔父》。

案例说明

打开扇子动画效果是Animate动画作品中常见的一种逐帧动画。

相关知识

一、转换为关键帧

转换为关键帧主要作用是可以在时间轴上把普通帧直接转换为关键帧，不用一帧帧地插入关键帧，节省了操作时间，提高了工作效率。

二、标尺和辅助线

标尺和辅助线可以帮助用户更精确地绘制和安排对象。

1. 标尺

标尺是确定坐标原点、距离或比例尺，调节段落文本、显示距离等。

Animate制作动画标尺设置，选择【视图】|【标尺】命令，在舞台左侧与上方出现标尺，舞台的左上角为（0，0），同时还可以设置其他标尺单位。

如果不需要标尺，选择【视图】|【标尺】命令，舞台中标尺自动取消。

2. 辅助线

辅助线是做设计时作为一种辅助工具使用，比如画透视图时，可以使用辅助线作为假定的地平线，或者作为透视消失线等，也可以作为水平对齐、垂直对齐、倾斜对齐的参考线，或者设置页面的参考线等。

将标尺上方的线往下拉，左侧的线往右拉动形成辅助线。

三、停止脚本代码

停止脚本代码为：stop()。

案例实施

一、绘制扇叶

（1）运行Animate CC 软件，选择【新建】|【ActionScript 3.0】选项，新建一个文件。

（2）选择【插入】|【新建元件】命令（快捷键【Ctrl+F8】）。

（3）在【创建新元件】对话框中，输入名称：扇叶，类型选择"图形"，单击【确定】按钮，完成元件的创建。

（4）把图层命名为"矩形"，绘制边线颜色为"红色"、填充颜色为"紫-白-紫"线性渐变的矩形，如图3-20所示。

（5）用【选择工具】调整矩形。

（6）锁住"矩形"图层，新建一个图层，命名为"星形"，绘制一个五角星，边线颜色为"无"、填充颜色为"红色"。

（7）锁住"星形"图层，新建一个图层，命名为"圆形"，绘制一个边线颜色为"无"、填充颜色为"黑-红"放射性渐变色的圆。

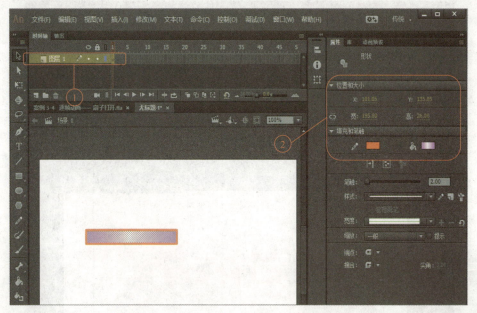

图3-20　绘制矩形

二、制作动画

1. 制作打开扇子动画

（1）返回"场景1"，从库中把"扇叶"元件拖动到图层1，选择【任意变形工具】，把中心点移动到钉子位置，如图3-21所示。

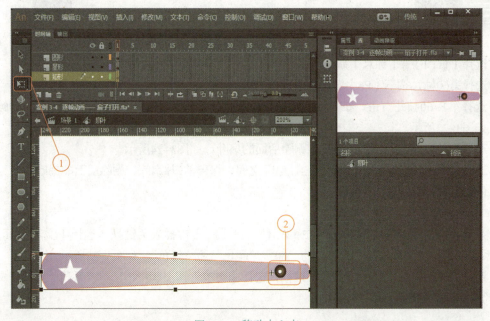

图3-21　移动中心点

（2）选择【变形工具】，"旋转"输入"8"度，连续单击【重置选区和变形】按钮复制扇叶，直到形成扇子，如图3-22所示。

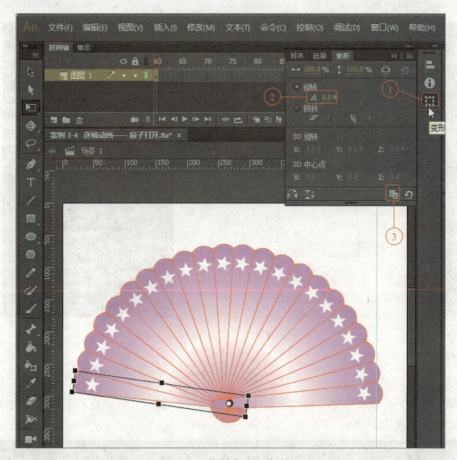

图3-22　复制扇叶形成扇子

（3）选择【视图】|【标尺】命令，显示标尺，拖出一条辅助线到舞台。

（4）选择第60帧，按下【F6】键插入关键帧。

（5）选择第1~60帧并右击，在弹出的快捷菜单中选择【转换为关键帧】命令，把第2~58帧转换为关键帧，如图3-23所示。

（6）选择第1帧，只保留第1片扇叶，删除后面的扇叶，如图3-24所示。

（7）选择第2帧，移动辅助线到第2、3片扇叶之间，保留前2片扇叶，删除后面的扇叶。

（8）依此类推，直到形成整把扇子。

2．制作文字动画

（1）新建图层，命名为"文字"，选择第5帧，按【F6】键插入关键帧，选择【文本工具】，输入"洁"，"系列"为"华文行楷"，"大小"为"60"，"颜色"为"红色"，如图3-25所示。

（2）选择第10帧，按【F6】键插入关键帧，选择【文本工具】，输入"身"，"系列"为"华文行楷"，"大小"为"60"，"颜色"为"红色"。

第3章 基本动画类型的制作

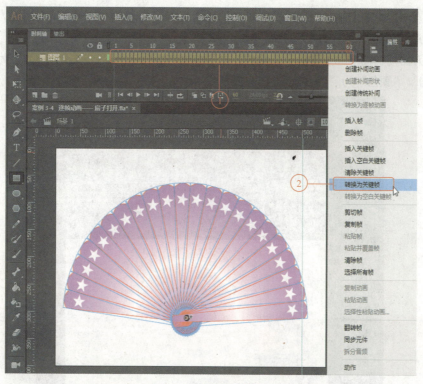

图3-23 转换为关键帧

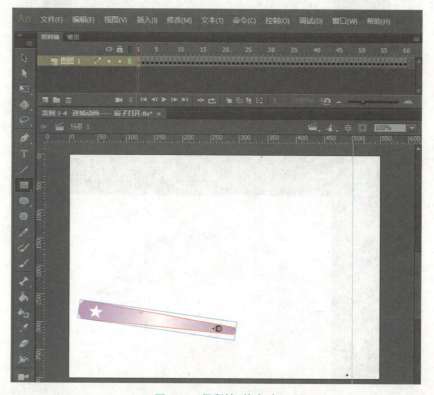

图3-24 保留第1片扇叶

(3)选择第15帧,按【F6】键插入关键帧,选择【文本工具】,输入"自","系列"为"华文行楷","大小"为"60","颜色"为"红色"。

(4)选择第20帧,按【F6】键插入关键帧,选择【文本工具】,输入"好","系列"为"华文行楷","大小"为"60","颜色"为"红色",如图3-26所示。

图3-25　制作文字动画"洁"

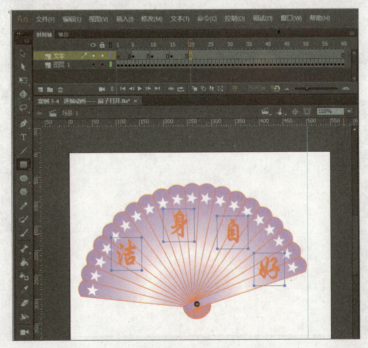

图3-26　制作文字动画"好"

(5) 在第60帧处插入关键帧，保存文件名"案例3-4　扇子打开.fla"，按【Ctrl+Enter】组合键进行影片测试。

案例 3-5　传统补间动画、场景应用——日夜变换

视频

传统补间动画、场景应用——日夜变换1

视频

传统补间动画、场景应用——日夜变换2

📋 情境导入

夜以继日

周公旦是西周初杰出的政治家。他在哥哥姬发领导的攻伐殷商的事业中，起了很大作用。担起辅助朝政的重任后，他忠于职守，为巩固周王朝的统治呕心沥血。

周武王死后，由周公旦辅助成王执政。有些贵族猜忌他，在成王面前造谣，说他有篡位的野心，有的兄弟还和纣王的儿子武庚勾结起来，发动武装叛乱。此外，东方的夷族也乘机作乱。但周公坚忍不拔，遵照武王的遗志办事，他消除了成王的误解，击败了武庚的叛乱和夷族的反抗，制定了礼法和刑律，继续分封诸侯，并建筑洛邑（今河南洛阳），设立了东都成周。

由于为国操劳过度，周公在东都建立后不久就去世了。临死前，他还谆谆告诫大臣们，一定要帮助天子管好中原的事；自己死后要葬在成周，以表示虽死不忘王命。

孟子赞扬他说："周公想兼学夏、商、周三代开国君主的贤德，来把周朝治理好，如果有不适合于当时情况的，他就抬起头来想，夜以继日地想，等想出了好的办法，便坐着等待天明，马上去施行。"

【解释】夜以继日，本义指晚上连着白天。形容加紧工作或学习。

【出处】《庄子·至乐》。

📋 案例说明

日夜变换动画效果是Animate动画作品中常见的一种传统补间动画和多场景变换动画。

📋 相关知识

一、传统补间动画

传统补间动画是Animate中最常用的制作动画的方法，可以利用传统补间针对属性为元件的图像制作位移、缩放、旋转、渐隐渐显、效果变化等动画效果。其基本方法是，先制作一个关键帧，然后在时间轴后面的某帧上插入关键帧，调整新关键帧的参数设置，在两个关键帧之间右击，在弹出的快捷菜单中选择相应命令，创建补间动画，软件会自动把两帧之间的变化效果计算出来。

传统补间动画举例：制作一个小球运动动画：

(1) 运行Animate CC 软件，选择【新建】|【ActionScript 3.0】命令，新建一个文件。

(2) 使用【矩形工具】绘制一个矩形，设置矩形属性为宽550像素，高400像素，位置和大小分别为0。

(3) 矩形颜色设置成线性渐变。

(4) 把"图层1"重命名为"背景",并锁定图层。

(5) 新建图层并命名为"小球",绘制一个球。

(6) 在"小球"图层的第30、60帧处分别插入关键帧(快捷键【F6】)。

(7) 在"背景"图层的第60帧处插入普通帧(快捷键【F5】)。

(8) 在"小球"图层的第30帧处把小球拖到场景下方。

(9) 右击"小球"图层,在弹出的快捷菜单中选择【创建传统补间】命令。

(10) 保存文件,按【Ctrl+Enter】组合键进行影片测试。

二、Animate场景

场景就是可以放上一段小影片的地方。场景有很多用处,例如,你制作的动画时间很长,时间轴不够长了,这样就必须再新建一个场景,才能保证Animate完整,另外不同的元素,有许多的次元素,需要一个主元素来引出,放在一个场景里不易实现,就需要放在不同的场景里,然后在主场景里设置按钮来跳转到某一场景等。总的来说,只有当动画很大,或者内容很多时,才会用到场景,大多数动画用影片剪辑就能达到效果。

三、场景和舞台的区别

在Animate中,一个文件里可以包括N个场景,场景就是动画的画面,一个场景可以包含一个舞台,一个舞台可以包含N个关键帧,所有场景共用一个库。需要明白场景和舞台是不同的。所以说,可以把场景理解为一个fla文件中的不同舞台,可以使用场景来制作一个Animate动画中的不同片段或一个多媒体课件中的不同页面,场景之间可以使用脚本或按钮相互跳转。需要注意的是,在同一个文件中建立过多场景容易导致软件出错。当然,也可能是Animate动画中手绘的场景。那很好理解,就是动画中表现景物或气氛的背景而已。

如果将Animate动画类比为一场舞台剧,场景就可以看作动画背景,在整个演示动画中,可以有多幕,动画也可以有多个场景,其实一般的Animate动画用一个场景就可以了,做专业动画时,就需要多个场景设计。

案例实施

一、制作相关元件

(1) 运行Animate CC 软件,选择【新建】|【ActionScript 3.0】选项,新建一个文件。把"图层1"重命名为"背景",用【矩形工具】绘制一个矩形,设置矩形属性为宽550像素,高400像素,位置和大小分别为0,矩形颜色设置成线性渐变。选择矩形,按【F8】键转换为元件,把元件命名为"背景",元件类型为"图形"。并锁定"背景"图层。

(2) 选择【插入】|【新建元件】命令(快捷键【Ctrl+F8】)。

(3) 在【创建新元件】对话框中,输入名称:树叶,类型选择"图形",单击【确定】按钮,用【钢笔工具】绘制树叶,如图3-27所示。

(4) 选择【插入】|【新建元件】命令(快捷键【Ctrl+F8】),在【创建新元件】对话框中,输入名称:树叶1,类型选择"图形",单击【确定】按钮,把树叶拖出来完成元件的创建,如图3-28所示。

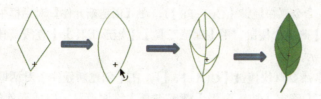

图3-27 创建"树叶"元件　　　　图3-28 创建"树叶1"元件

(5) 选择【插入】|【新建元件】命令（快捷键【Ctrl+F8】），在【创建新元件】对话框中，输入名称：树，类型选择"图形"，单击【确定】按钮。用【矩形工具】绘制树干，【直线工具】绘制树枝，完成元件的创建，如图3-29所示。

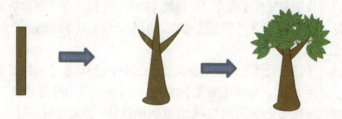

图3-29 创建"树"元件

(6) 选择【插入】|【新建元件】命令（快捷键【Ctrl+F8】），在【创建新元件】对话框中，输入名称：草，类型选择"图形"，单击【确定】按钮。用【钢笔工具】绘制，用【选择工具】调整，完成元件的创建，如图3-30所示。

(7) 选择【插入】|【新建元件】（快捷键【Ctrl+F8】），在【创建新元件】对话框中，输入名称：花，类型选择"图形"，单击【确定】按钮。用【椭圆工具】绘制花瓣，用【变形工具】复制成花朵，最后加枝叶，完成元件的创建，如图3-31所示。

图3-30 创建"草"元件　　　　图3-31 创建"花"元件

(8) 选择【插入】|【新建元件】命令（快捷键【Ctrl+F8】），在【创建新元件】对话框中，输入名称：云，类型选择"图形"，单击【确定】按钮。用【椭圆工具】绘制，完成元件的创建，如图3-32所示。

图3-32 创建"云"元件

(9) 选择【插入】|【新建元件】命令（快捷键【Ctrl+F8】），在【创建新元件】对话框中，输入名称：飘动的云，类型选择"影片剪辑"，单击【确定】按钮。把"云"拖出来制作成从右向左运动的传统补间动画效果，完成元件的创建。

（10）选择【插入】|【新建元件】命令（快捷键【Ctrl+F8】），在【创建新元件】对话框中，名称输入：房子，类型选择"图形"，单击【确定】按钮。用【钢笔工具】、【矩形工具】、【直线工具】等绘制房子，完成元件的创建，如图3-33所示。

（11）选择【插入】|【新建元件】命令（快捷键【Ctrl+F8】），在【创建新元件】对话框中，输入名称：路，类型选择"图形"，单击【确定】按钮。用【椭圆工具】绘制道路，完成元件的创建，如图3-34所示。

（12）选择【插入】|【新建元件】（快捷键【Ctrl+F8】），在【创建新元件】对话框中，输入名称：太阳，类型选择"影片剪辑"，单击【确定】按钮。用【椭圆工具】、【多角星工具】绘制太阳，并制作成旋转效果，完成元件的创建，如图3-35所示。

（13）选择【插入】|【新建元件】命令（快捷键【Ctrl+F8】），在【创建新元件】对话框中，输入名称：黑块，类型选择"图形"，单击【确定】按钮。用【矩形工具】绘制一个和舞台一样大小的黑色矩形，完成元件的创建。

（14）选择【插入】|【新建元件】命令（快捷键【Ctrl+F8】），在【创建新元件】对话框中，输入名称：星，类型选择"影片剪辑"，单击【确定】按钮。用【矩形工具】、【选择工具】绘制星星，并选择星星，按【F8】键将其转换成元件"星1"。制作成闪动效果：分别在第5、10帧处插入关键帧，选择第5帧，单击【属性】按钮，在色彩效果中选择"样式"，选择"Alpha"（不透明度），把"Alpha"值设置为"40%"，完成元件的创建，如图3-36所示。

图3-33 "房子"元件　　　图3-34 "路"元件　　　图3-35 "太阳"元件　　　图3-36 "星"元件

二、制作整体动画

1．场景1的布置

（1）回到场景1，新建一个图层，命名为"树"，并把"树"元件拖到场景并摆放好，如图3-37所示。

（2）依此类推，将各元件拖到场景并摆放好，如图3-38所示。

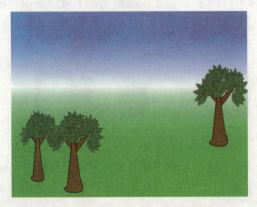 

图3-37 摆放好"树"　　　　　　　　　图3-38 布置好场景1

2. 场景2的布置

单击场景面板中的【重置场景】按钮,并把"场景1 复制"改成"场景2",如图3-39所示。选择"场景2",把相关"星"元件拖到场景中并摆放好,如图3-40所示。

图3-39 重置场景

3. 制作太阳升起与落山的动画效果

(1) 回到"场景1",在"背景"图层上新建一个图层,将其命名为"太阳",把"太阳"元件拖到舞台右下角,如图3-41所示。

图3-40 布置好场景2

图3-41 把"太阳"元件拖到舞台右下角

(2) 在"太阳"图层的第40帧处插入关键帧,将太阳移动到屋顶上,并适当缩小,如图3-42所示。

(3) 在"太阳"图层的第80帧处插入关键帧,将太阳移动到天空,如图3-43所示。

(4) 在"太阳"图层的第160、220帧处插入关键帧,并创建传统补间,在第220帧处将太阳移动到舞台左边,如图3-44所示。

图3-42 将太阳移动到屋顶上

图3-43 将太阳移动到天空

图3-44 将太阳移动到舞台左边

(5) 在所有图层第220帧处插入帧。

4．制作黑夜效果

(1) 转换到"场景2"，新建一个图层，命名为"黑色块"，把"黑块"元件拖到场景，在第60帧处插入关键帧。

(2) 在第1帧处，把不透明度改为"0"。

(3) 在第60帧处，把不透明度改为"80"。

(4) 在所有图层第160帧处插入帧。

(5) 保存文件，按【Ctrl+Enter】组合键进行影片测试。

案例3-6 引导层动画——飞舞的鹭鸟

📻 情境导入

鹭鸟，作为壮族吉祥物，有通天的本领，又是稻谷丰收的象征。在壮族民间的《么经》中，鹭鸟是布洛陀造成的一种动物，也是壮族先民崇拜的一种吉祥之鸟。在壮族地区出土的古代铜鼓上，铸有许多翔鹭绕太阳纹飞翔或翔鹭衔鱼的图案，是壮族先民崇拜鸟图腾的反映。因壮族地区多鹭鸟，常聚集在稻田里觅食，史书中称之为"鸟田"。

📋 案例说明

通过以上故事制作鹭鸟在铜鼓里沿着指定路径飞行的动画效果。

📒 相关知识

一、引导层

引导层用来存放路径。引导层中的路径必须是散件。引导层可通过以下两种方法进行设置。

（1）在作为引导层的图层上右击，在弹出的快捷菜单中选择【引导层】命令，可将该图层设置为引导层。该图层上会出现一个锤子的标志（见图3-45），但还需拖动位于【引导层】下方的【被引导层】，让锤子标志变成虚线（见图3-46），才能让【引导层】真正有效。

（2）在作为引导层的图层上右击，在弹出的快捷菜单中选择【传统运动引导层】命令，即可生成引导层和被引导层，不需要再新建引导层，如图3-47所示。

图3-45 锤子标志

图3-46 虚线标志

图3-47 传统运动引导

二、被引导层

被引导层用来存放被引导的对象，这个对象可以是静态的图形，也可以是动态的影片剪辑。

📝 案例实施

（1）设置文档属性：尺寸设置为500像素×400像素，背景颜色默认为白色。

（2）将图层1重命名为"鹭鸟1"，将"库"中的鹭鸟元件放入场景，并调整大小和方向。

（3）新建图层2，重命名为"铜鼓"，将"库"中的铜鼓元件放入场景。将"铜鼓"图层放置在"鹭鸟1"图层的下方，如图3-48所示。

（4）新建图层3，重命名为"引导层"，在该图层绘制一个笔触为2，笔触颜色为黑色，无填充颜色的圆；将该"引导层"放置在"鹭鸟1"图层的上方，并在所绘制的圆上适当位置使用【橡皮擦工具】擦出一个缺口，如图3-49所示。

图3-48 鹭鸟与铜鼓的放置

图3-49 圆的绘制

（5）在"鹭鸟1"图层的第1帧，将鹭鸟的中心点与圆缺口的一侧重合，如图3-50所示。在"鹭鸟1"图层的第35帧插入关键帧，将鹭鸟摆放在图3-51所示位置，并添加传统补间动画。

图3-50 第1帧

图3-51 第35帧

（6）调整三个图层的顺序，如图3-52所示。

图3-52 图层顺序

（7）在图层引导层上右击，在弹出的快捷菜单中选择【引导层】命令，如图3-53所示。

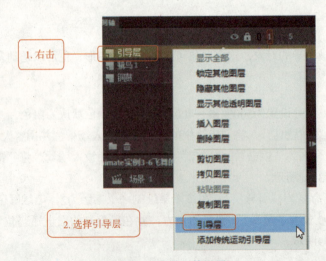
图3-53 引导层的设置

(8）按住鼠标左键拖动【鹭鸟1】图层，让该图层位于【引导层】图层之下，作为被引导层，如图3-54所示。为了让"鹭鸟"元件紧贴着路径走，选择"鹭鸟1"图层的任意一帧，勾选【调整到路径】复选框即可，如图3-55所示。

图3-54　设置被引导层　　　　　　　　　图3-55　调整到路径

（9）完成后保存文件，按【Ctrl+Enter】组合键进行影片测试。

案例 3-7　引导层动画——流星雨

视频
引导层动画
——流星雨

情境导入

从　军　行

三十遴骁勇，从军事北荒。流星飞玉弹，宝剑落秋霜。
书角吹杨柳，金山险马当。长驱空朔漠，驰捷报明王。

【赏析】本诗描写了远离家乡的戍边将士艰苦危险的守边生活，歌颂了他们大无畏的英雄气概和守边卫国的牺牲精神。一、二句写对戍边将士严格挑选，主人公因骁勇敏捷，在三十岁时便远离故乡来到荒凉的北疆。三、四句用比喻的手法概写征战生活的艰辛，并说明在边境上已度过无数年头。用"流星"比喻"玉弹"，生动形象；"宝剑"上落满"秋霜"，说明宝剑的锋利，"秋霜"也蕴含着岁月悠悠、思乡念家之感。五、六句借反映边关生活的《折杨柳》曲调衬写边关荒凉，没有春意，只能从笛曲中想象出杨柳的风姿，并极力烘托边关的险峻。"书角""杨柳"有着浓重的军旅色彩，在此更突出诗的主题。末二句着重突出了将士的精神风貌，"长驱""驰捷"与首句之"骁勇"遥呼，照应了开头，又表现出守关者杀敌报国的英雄主义精神。

【作者】张玉娘，字若琼，自号一贞居士，松阳人。生于宋淳祐十年（公元1250年）。她自幼饱学，敏慧绝伦，诗词尤得"风人体"之风。后人将她与李清照、朱淑真、吴淑姬并称宋代四大女词人。

案例说明

在Animate中使用引导层，制作流星雨的动画效果。

相关知识

一、引导层动画

引导层动画也称为"路径引导"动画或"轨迹引导"动画，是指动画对象沿着事先设计好的路线轨迹运动，如椭圆、多边形、曲线等。当然，如果路线轨迹是直线，就更没有问题了。引导层动画通过引导层（引导线）和被引导层（动画对象）两部分来完成，这两部分缺一不可。

二、引导线

引导线起到轨迹或辅助线的作用，可以让物体沿着事先设计好的路线移动，看上去更自然、更流畅。

三、引导层

引导线必须绘制在引导图层中，而使用引导线作为轨迹线的动画对象，其所在图层（被引导层）必须在引导图层的下方。

引导层动画的制作要点：

（1）引导层动画属于动作补间动画，其动画对象必须是元件。
（2）起始关键帧的元件案例的中心应与引导线的起点重合。
（3）结束关键帧的元件案例的中心应与引导线的终点重合。
（4）引导线只在设计时显示，导出的动画中不显示。

案例实施

（1）运行Animate软件，选择【新建】|【ActionScript 3.0】选项，新建一个文件，将尺寸设置为550像素×400像素，背景颜色设置为蓝色。

（2）将图层1重命名为背景，将浩瀚星空的背景图导入到舞台，并调整大小。

（3）新建图层2，将图层2重命名为"流星"，在该图层使用【多角星形工具】绘制一个三角形，如图3-56所示，设置三角形的笔触颜色为红色，笔触粗细为2，填充颜色为无。并使用【选择工具】和【部分选取工具】将三角形调整成图3-57所示形状。

（4）使用【颜料桶工具】和【渐变变形工具】将流星渐变填充，前端白色，后端透明度为100%的白色，如图3-58所示。

（5）使用【选择工具】删除流星的红色线条，使用【任意变形工具】调整流星的大小，完成流星的绘制，并将流星转化成图形元件（流星），如图3-59所示。

图3-56　流星1　　　图3-57　流星2　　　图3-58　流星3　　　图3-59　流星4

（6）新建图层3，将图层3重命名为"路径"，在该图层用【钢笔工具】绘制一条笔触颜色为橙色的曲线。即绘制流星从星空落下的路径。

（7）在"流星"图层第1帧，将流星的中心点与曲线路径的上端重合（设置起点），如图3-60所示。

（8）在"流星"图层第30帧处插入关键帧，将流星的中心点与曲线路径的下端重合（设置终点），如图3-61所示。

（9）在"流星"图层第1帧和第30帧之间的任一帧上右击，选择【创建传统补间】命令。

（10）在"路径"图层名称上右击，在弹出的快捷菜单中选择【引导层】命令。

图3-60 设置起点

图3-61 设置终点

（11）按住鼠标左键拖动"流星"图层到路径图层（引导层）之下，作为被引导层，如图3-62所示。

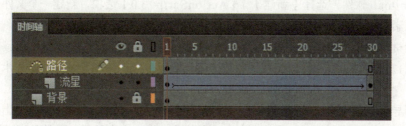

图3-62 设置被引导层

（12）为了让流星紧贴着路径运行，选择"流星"图层的任意一帧在【属性】面板中勾选【调整到路径】复选框即可。

（13）按以上步骤即可完成一颗流星划过天际的动画效果。重复以上操作，制作第2个路径，使用【库】中的"流星"元件制作新2个流星图层，制作第2个引导层动画，即可完成第二颗流星划过天际。以此类推制作多颗流星，即可完成流星雨的制作。

（14）完成后，保存文件，按【Ctrl+Enter】组合键进行影片测试。

案例 3-8　引导层动画——初夏美景

视　频
引导层动画
——初夏美景

情境导入

小　　池

泉眼无声惜细流，树阴照水爱晴柔。

小荷才露尖尖角，早有蜻蜓立上头。

【赏析】泉眼悄然无声是因舍不得细细的水流，树荫倒映水面是喜爱晴天和风的轻柔。娇嫩的小荷叶刚从水面露出尖尖的角，早有一只调皮的小蜻蜓立在它的上头。

此诗是一首描写初夏池塘美丽景色的清新的小诗。一切都是那样的细，那样的柔，那样的富有情意。宛如一幅花草虫鸟彩墨画。画面之中，池、泉、流、荷和蜻蜓，落笔都小，却玲珑剔透，生机盎然。

【作者】杨万里，字廷秀，号诚斋，男，汉族。吉州吉水（今江西省吉水县）人。南宋杰出诗人，与尤袤、范成大、陆游合称南宋"中兴四大诗人""南宋四大家"。

案例说明

蜻蜓飞翔动画效果是Animate动画作品中常见的一种引导层动画。

相关知识

（1）蜻蜓做引导层动画的时候，需要用【任意变形工具】在起点和终点位置时调整蜻蜓的方向。

（2）注意在属性中设置【调整到路径】。

案例实施

（1）运行Animate软件，选择【新建】|【ActionScript 3.0】选项，新建一个文件，将尺寸设置为550像素×400像素。

（2）导入素材。选择【文件】|【导入】|【导入到库】命令，将背景图、两只蜻蜓素材导入库中。

（3）将图层1重命名为"背景"，将背景图从"库"面板中拖动到舞台，并将图片水平居中，垂直居中。

（4）新建引导层。新建图层2，重命名为"引导层"，在"引导层"上右击，在弹出的快捷菜单中选择【引导层】命令。使用【钢笔工具】绘制一条红色的曲线，这条曲线就是蜻蜓的运动路线。

（5）"蜻蜓"图层。新建图层3，重命名为"蜻蜓"，在"蜻蜓"图层第1帧处，从"库"面板中将"蜻蜓"元件拖动到舞台的右侧。

（6）移动元件。选中"蜻蜓"图层第1帧中的蜻蜓，将其移动到曲线的始端，注意蜻蜓的中心点要和曲线的始端重合。并用【任意变形工具】调整蜻蜓的方向，如图3-63所示。

图3-63 将第1帧中的蜻蜓，移动到曲线的始端

(7) 移动元件。使用【任意变形工具】选中"蜻蜓"图层第60帧中的蜻蜓,将其沿着曲线移动到曲线的终点。注意蜻蜓的中心点要和曲线的终端重合。

(8) 创建动画。在"蜻蜓"图层的第1帧与第60帧之间创建传统补间动画。

(9) 将"蜻蜓"图层拖动至"引导层"下方,完成引导层动画制作。

(10) 重复步骤(4)~(9),制作第2只蜻蜓的运动效果。

(11) 文字动画。运用传统补间动画制作"小荷才露尖尖角,早有蜻蜓立上头。"的文字动画效果。

(12) 预览动画。选择【文件】|【保存】命令,保存文件,然后按【Ctrl+Enter】组合键输出测试影片。

视频

补间形状动画——蛙图腾的崇拜

案例 3-9 补间形状动画——蛙图腾的崇拜

情境导入

壮族对蛙图腾的崇拜

在壮族传说中,青蛙是最重要的神祇,是雷神和蛟龙的儿子,也是众多神子中最受宠的一个。某年,天下大旱,大地干涸,水稻绝产,无助的壮族百姓只好向雷神祈雨,雷神听到地上的呼唤后便派青蛙下凡,监测旱情,以后只要青蛙一叫,雷神就会大手一挥,降下甘霖。

案例说明

根据蛙图腾的神话故事内容,使用Animate CC的补间形状制作简单的动画效果。

相关知识

一、打散元件

使用【Ctrl+B】组合键对元件及文字进行分离操作。

二、补间形状

在形状补间中,可以在时间轴中的一个关键帧上绘制一个矢量形状。然后更改该形状,或在另一个关键帧上绘制另一个形状。然后,Animate为这两帧之间插入中间形状,创建从一个形状变形为另一个形状的动画效果。

案例实施

(1) 选择【文本工具】,输入文字,字体使用"华文行楷",使用【任意变形工具】调整大小,并放在场景中心位置,按两次【Ctrl+B】组合键将文字分离成散件,如图3-64所示。

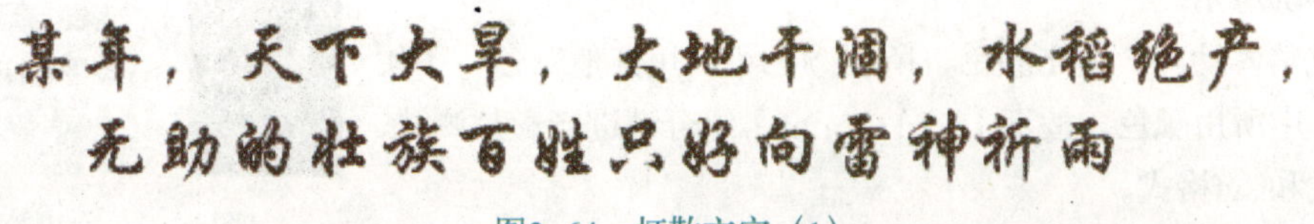

图3-64 打散文字(1)

（2）在时间轴上的第30帧和第80帧插入关键帧（快捷键【F6】），将80帧上的文字删除，并从库中调出“牛”和“小人”放入，按【Ctrl+B】组合键打散，如图3-65所示。

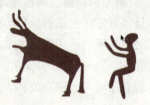

图3-65　打散元件

（3）在时间轴上的第102帧和第139帧插入关键帧（快捷键【F6】），并将139帧上的图形删除，输入相关文字后，按两次【Ctrl+B】组合键，将文字分离成散件，如图3-66所示。

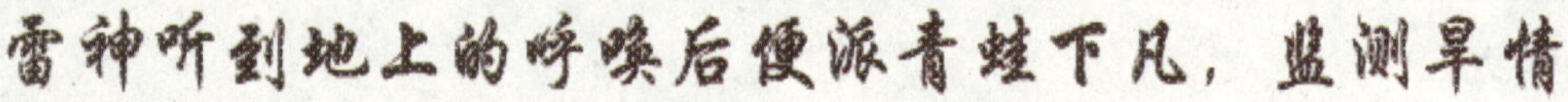

雷神听到地上的呼唤后便派青蛙下凡，监测旱情

图3-66　打散文字（2）

（4）在时间轴上的第180帧和第215帧插入关键帧（快捷键【F6】），并将215帧上的文字删除，放入“青蛙图腾”元件，按【Ctrl+B】组合键，打散成散件，如图3-67所示。

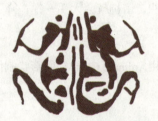

图3-67　打散青蛙图腾元件

（5）在时间轴上的第240帧和第270帧插入关键帧（快捷键【F6】），并将270帧上的图形删除，输入文字，并按两次【Ctrl+B】组合键，打散成散件，如图3-68所示。

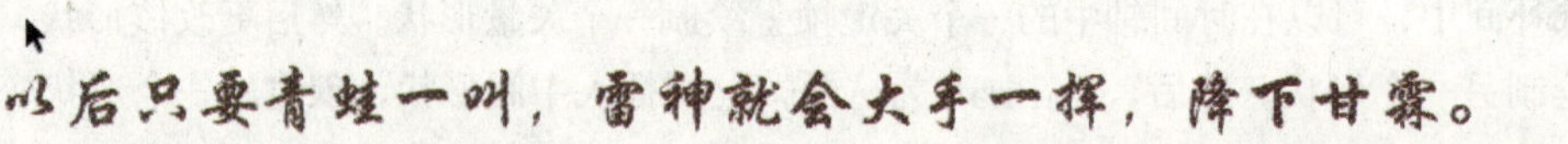

以后只要青蛙一叫，雷神就会大手一挥，降下甘霖。

图3-68　打散文字（3）

（6）在时间轴上第320帧插入帧（快捷键【F5】），让文字延迟显示。

（7）创建补间动画：在30帧和80帧之间、102帧和139帧之间、180帧和215帧之间及240帧和270帧之间右击，选择【创建补间形状】命令，如图3-69所示。

（8）完成整体动画：填充颜色，所用颜色可以用其他颜色，不用按照本书例子中所用颜色，按下【Ctrl+Enter】组合键进行影片测试，并保存fla格式和swf格式。

40
45
50
55
60
65
70
创建补间动画
创建补间形状
创建传统补间
转换为逐帧动画

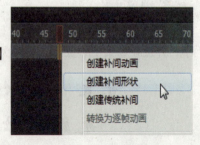

图3-69　创建补间形状

案例 3-10　补间形状动画——绘制花朵

视频

补间形状动画——绘制花朵

情境导入

春暖花开

春暖花开，命中贵陪内阁儒臣宴赏。

【出自】明·朱国祯《涌幢小品·南内》。

【解释】春天气候温暖，百花盛开，景色优美。比喻游览、观赏的大好时机。

案例说明

绘制一朵花盛开的效果，这种效果属于形状补间动画。

相关知识

一、形状补间动画的定义

形状补间动画属于补间动画的一种，主要表现为动画对象的形状、大小、颜色发生变化，从而产生动画效果。

二、形状补间动画的对象

形状补间动画的对象必须是"分离"后的图形。所谓"分离"后的图形，即图形是由无数个点堆积而成的，而并非一个整体。从操作上区分，就是被选中的形变动画的对象，外部没有一个蓝色边框，而是会显示为掺杂白色小点的图形。

常见的"分离"后的图形有以下几种：

(1) 利用绘图工具直接绘制的各种图形，如椭圆、矩形、多边形等。

(2) 执行【分离】命令【Ctrl+B】组合键打散后的各种文字。

(3) 执行【分离】命令【Ctrl+B】组合键打散后的各种图形图像。

三、形状补间动画制作"三步曲"

(1) 制作形状补间动画的"起点"关键帧，也就是动画的初始状态。

(2) 制作形状补间动画的"终点"关键帧，也就是动画的结束状态。

(3) 在"起点"和"终点"两帧之间添加"创建补间形状"，有以下两种方法：

方法1：在时间轴面板关键帧处右击，在弹出的快捷菜单中选择【创建补间形状】命令。

方法2：选择【时间轴】面板上的关键帧，在下方的【属性】面板上设置【补间】为"形状"。

只有以下两个条件同时符合，才表示形状补间动画是成功的：

① 两个关键帧之间的时间轴背景颜色是淡绿色；

② 两个关键帧之间的箭头是连续的。

案例实施

(1) 新建文件，大小为550像素×400像素。

（2）将案例制作所需的图片素材"背景.jpg"导入到舞台，并执行"水平居中""垂直居中"将图片放置在舞台正中间，将"图层1"重命名为"背景"，在图层135帧处插入帧。

（3）新建"图层2"，将"图层2"重命名为"文字"，使用【文本工具】设置文字为"叶根友毛笔行书2.0版"，大小为"60"，颜色为"红色"。在文字图层第1帧输入文字"春暖花开"。按【Ctrl+B】组合键2次打散文字。

（4）文字形状补间动画。在文字图层第35帧处插入关键帧。调整文字图层第1帧处打散后文字"春暖花开"的大小（变小）、颜色。在文字图层第1~35帧之间创建补间形状动画。文字如图3-70所示。

（5）花杆形状补间动画。新建"图层3"，将"图层3"重命名为"花杆"。在"花杆"图层第1帧用【椭圆工具】、【选择工具】、【任意变形工具】绘制绿色的花杆。在"花杆"图层第15帧处插入关键帧。调整"花杆"图层第1帧处花杆的大小（变小）。在"花杆"图层第1~35帧之间创建补间形状动画。花杆形状如图3-71所示。

（6）花心形状补间动画。新建"图层4"，将"图层4"重命名为"花心"。在"花心"图层第15帧处插入空白关键帧，并用【椭圆工具】绘制一个红色的圆形当作花心。在"花心"图层第25帧处插入关键帧。调整"花心"图层第15帧处花心的大小（变小）。在"花心"图层第15~25帧之间创建补间形状动画。把"花心"图层放到所有图层的最上方。

（7）花瓣形状补间动画。新建"图层5"，将"图层5"重命名为"花瓣1"。在"花瓣1"图层第25帧处插入空白关键帧，并用【椭圆工具】绘制一个粉红色的椭圆形当作花瓣。在"花瓣1"图层第35帧处插入关键帧。调整"花瓣1"图层第25帧处花心的大小（变小）。在"花瓣1"图层第25~35帧之间创建补间形状动画。花瓣形状如图3-72所示。

（8）花瓣2制作。复制"花瓣1"图层，并重命名为"花瓣2"。选中"花瓣2"图层第25~35帧（即形状补间动画部分），并拖动至第35~45帧放置。选中"花瓣2"图层第35帧处的小花瓣，并顺时针旋转45°。选中"花瓣2"图层第45帧处的花瓣，调整中心点至花心中心点处，并顺时针旋转45°。

（9）花瓣3~花瓣8制作。使用制作花瓣2的方法制作花瓣3~花瓣8。最终效果如图3-73所示。

图3-70 文字　　　　图3-71 花杆　　　图3-72 花瓣　　　图3-73 效果

（10）各图层名称及帧如图3-74所示。

（11）保存文件，按【Ctrl+Enter】组合键进行影片测试，观看动画。

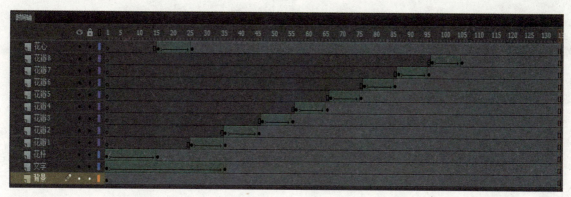

图3-74 时间轴

案例3-11 动画预设——飞船动画

视频

动画预设——
飞船动画

情境导入

中国航天发展四大里程碑：

（1）第一个想到利用火箭飞天的人——明朝的万户。

14世纪末期，明朝的士大夫万户把47个自制的火箭绑在椅子上，自己坐在椅子上，双手举着大风筝。他最先开始设想利用火箭的推力，飞上天空，然后利用风筝平稳着陆。不幸火箭爆炸，万户也为此献出了宝贵的生命。但他的行为却鼓舞和震撼了人们的内心。促使人们更努力地去钻研。

（2）东方红一号——中国第一颗人造卫星。

1970年，中国第一颗人造卫星"东方红一号"成功升空，成为中国航天发展史上第二个里程碑。

（3）载人航天。

2003年10月15日，中国神舟五号载人飞船升空，表明中国掌握载人航天技术，成为中国航天事业发展史上的第三个里程碑。

（4）深空探测——嫦娥奔月。

2007年10月24日18时05分，随着嫦娥一号成功奔月，嫦娥工程顺利完成了一期工程。

此后，神舟九号与天宫一号相继发射，并成功对接。

2016年9月15日22时04分09秒，天宫二号空间实验室在酒泉卫星发射中心发射成功。

案例说明

本案例应用动画预设制作一个飞船的飞入与飞出效果。

相关知识

一、动画预设的定义

动画预设是Animate内置的补间动画，其可以被直接应用于舞台上的案例对象。使用动画预设，可以节约动画设计和制作的时间，极大地提高了工作效率。

二、动画预设的种类

（1）默认预设。在Animate CC 中，默认预设有2D放大等。

（2）自定义预设。自定义预设是可以根据需要自己定义动画预设。

案例实施

（1）运行Animate CC 软件，选择【新建】|【ActionScript 3.0】选项，新建一个文件。

（2）把舞台大小设置为宽900像素，高400像素。

（3）选择【文件】|【导入】|【导入到舞台】命令（快捷键【Ctrl+R】），把飞船动画素材图片导入到舞台。

（4）选择【窗口】|【动画预设】命令，如图3-75所示，打开【动画预设】对话框，如图3-76所示。

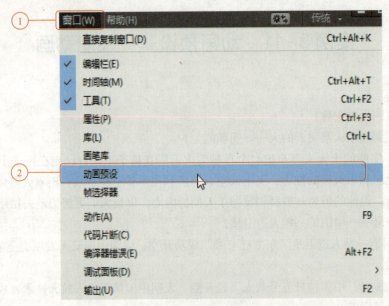

图3-75 【动画预设】命令

图3-76 【动画预设】对话框

（5）在【动画预设】对话框中双击【默认设置】图标，打开【默认设置】对话框。

（6）选择场景中的飞船图片，选择【飞入后停顿再飞出】命令后单击【确定】按钮。

（7）在【时间轴】面板上自动生成4个关键帧和补间动画，同时场景中自动生成一条绿色的飞行中路线和关键点，如图3-77所示。

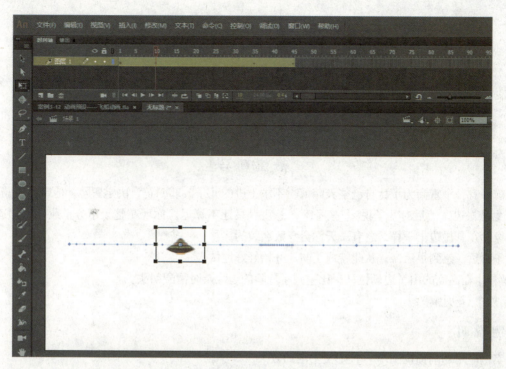

图3-77　自动生成4个关键帧和补间动画

（8）用户可根据需要添加帧或者调节关键帧位置，如图3-78所示。

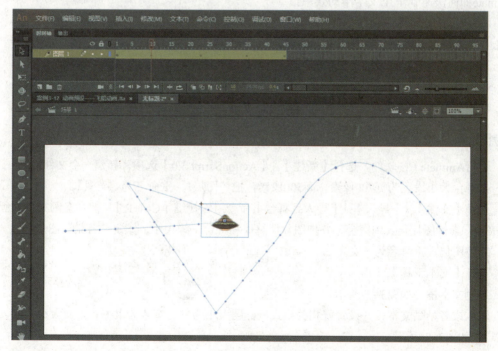

图3-78　添加帧或者调节关键帧位置

(9) 保存文件，按下【Ctrl+Enter】组合键进行影片测试。

案例 3-12　动画预设——3D 文字滚动

情境导入

悬崖勒马

从前，有一个富商为了让自己整天赌博、不求上进的儿子改邪归正，决定冒险。他带儿子骑马走到一个万丈悬崖边，然后对儿子说："孩子呀，悬崖勒马还不算迟。你现在整天不务正业，只知道赌博，实际就像站在悬崖边上一样，总有一天你会身败名裂的。"

儿子听后，感到很后悔，从此就戒了赌，开始好好地做人了。

【解释】在高高的山崖边勒住马。比喻到了危险的边缘及时清醒回头。

【出处】《花月痕》。

案例说明

本案例应用动画预设制作一个3D文字滚动效果。

相关知识

Animate如何快速制作3D文字滚动效果：

(1) 打开Animate软件，创建一个标准动画文件。

(2) 在舞台中输入要制作动画的文字内容。

(3) 选择文字内容，然后把文字转换为影片剪辑。

(4) 单击打开【动画预设】面板。

(5) 选择3D文字滚动效果，然后单击【应用】按钮。

案例实施

(1) 运行Animate CC 软件，选择【新建】|【ActionScript 3.0】选项，新建一个文件。

(2) 把舞台大小设置为宽700像素，高500像素，把"图层1"重命名为"背景"。

(3) 选择【文件】|【导入】|【导入到舞台】命令（快捷键【Ctrl+R】）把"案例3-13动画预设—3D文字滚动"素材图片导入到舞台，并把图片调整成和舞台一样大小，锁定"背景"图层。

(4) 新建图层，重命名为"文字"。

(5) 选择【文本工具】。

(6) 绘制文本框，如图3-79所示。

(7) 输入或者粘贴文本，并设置好相关格式（标题大小为55，字体为隶书；正文大小为26，字体为微软雅黑），如图3-80所示。

(8) 将文本移动到舞台下面，如图3-81所示。

(9) 选择【窗口】|【动画预设】命令，打开【动画预设】面板。

（10）在【动画预设】面板中双击【默认设置】，打开【默认设置】列表。
（11）选择场景中的文本内容，在默认设置列表中选择【3D文本滚动】命令后单击【确定】按钮。
（12）在【时间轴】上自动生成一个关键帧和补间动画，同时场景中自动生成一条紫色的飞行中路线和关键点，如图3-82所示。
（13）用户可根据需要添加帧或者调节关键帧位置。
（14）保存文件，按【Ctrl+Enter】组合键进行影片测试。

图3-79　绘制文本框

图3-80　输入文本

图3-81　移动文本

图3-82　自动生成1个关键帧和补间动画

案例 3-13　动画编辑器——精益求精

情境导入

精益求精

　　从前，有一个小木匠出外做工。时值秋天，要回家收秋。几个月下来整天忙于工作，挣了许多银子。可是自己的头发也长得很长了，要回家啦，怎么也得剃剃头吧。小木匠挑着自己的家伙事正走着，看到一家理发摊点，只见一位理发师傅，白白胖胖、粗手粗脚，看起来很笨拙，身穿白大褂，坐在凳子上抽着烟，很悠闲的样子，看来还没生意。

小木匠心想正好在这里剃吧。走到理发师傅面前，放下自己的挑子，摸了摸自己压得难受的肩膀，伸了伸腰说："师傅，生意可好啊！"

理发师傅赶忙陪上笑脸："借你吉言还好，要剃头吗？"

小木匠说："是啊，要回家收秋啦，理个光头吧。"

"好嘞"，理发师边说边倒热水，边招呼客人坐下。小木匠稳稳地坐下后，理发师傅仔仔细细地给小木匠洗好头，不慌不忙地拿出剃头刀说："师傅有三个月没理发了吧？"

小木匠略一掐算："师傅好眼力，整整三个月，一天不差。"

理发师傅说："师傅喂，我要开始剃啦！"说着，将剃头刀在小木匠的眼前一晃，手指一搓向上一扔，只见剃头刀滴溜溜打着转，带着瘆人的寒风向空中飞去，当刀落下时，只见理发师傅手疾眼快，一伸手稳稳地接住剃头刀，并顺势砍向小木匠的头，这下可把小木匠给吓坏啦。"啊！"声还没叫出，只觉头皮一凉，紧接着听到"嚓"的一声，一缕头发已经被削下，这时小木匠才"啊"的一声，刚要一闪，"你要干什么？"，剃头师傅用肥胖的手往下一摁说，"别动"。说着，刀又旋转着飞向空中，小木匠用力挣扎着要闪，可是被剃头师傅按得紧紧的不能动弹，说时迟那时快，理发师傅一接旋转的刀，嚓的一声又是一缕头发落地，小木匠脸都吓白啦，又不能挣脱，只好闭上眼睛，心想："这下完了，小命儿不保啦"。只见理发师傅就这样一刀接一刀，三下五除二，不一会就给小木匠剃好了头，拿过镜子一照，嘿，一点没伤着，而且剃得锃光瓦亮。

这时小木匠才长舒一口气，从惊悸中苏醒过来，但浑身还在颤抖。突然，一只苍蝇嗡嗡着正好落在理发师傅的鼻尖上，小木匠手疾眼快，从自己的挑子中抽出锛子抡圆了照着理发师傅砍去。这时理发师傅正要用手赶走落在鼻子上的苍蝇，只见小木匠双手一起，不知什么东西砸向自己，只感到眼前一晃，一阵风从面前吹过。理发师傅更是吓了一跳，还没醒过味来，只见小木匠将锛子头向他面前一伸，上面半只苍蝇的两只翅膀还在呼扇，小木匠又拿了镜子给理发师傅一照，理发师傅看见另一半苍蝇落在自己的鼻子上，两只前腿还在伸张。原来，活活的一只苍蝇被小木匠这一锛子劈为了两半。看完两个人哈哈大笑，相互佩服对方的精湛技艺。

【解释】精益求精，比喻已经很好了，还要求更好。

【出处】《论语·学而》。

案例说明

本案例应用动画预设和动画编辑器制作小球跳跃的动画。

相关知识

一、如何使用Animate动画编辑器

在Animate中，使用动画编辑器可以查看所有补间属性以及属性关键帧，还可以精准地调整动画属性，等等。利用Animate创建复杂的补间动画时，还提供了向补间添加特效等功能，更方便制作较为复杂的动画。下面学习关于动画编辑器的基础制作。

使用Animate中的动画编辑器可以很方便地创建出复杂的补间动画。动画编辑器将应用到选定补间范围的所有属性显示为由一些二维图形构成的缩略视图。用户可以修改其中的每一个图形，可单独修改其相应的各个补间属性。通过精确控制和高粒度化，可以使用动画编辑器极大地丰富动画效果，从而模拟真实的行为。

1. 动画编辑器

动画编辑器的设计旨在让用户轻松地创建复杂的补间动画。使用动画编辑器，用户可以控制补间的属性并对其进行操作。创建补间动画之后，可以利用动画编辑器来精确调整补间。动画编辑器允许一次选择并修改一个属性，从而实现对补间的集中编辑。

2. 使用动画编辑器的目标

动画编辑器对补间及其属性提供了粒度化控制。以下目标只能借助动画编辑器来实现：

（1）在一个单独的面板中即可轻松访问和修改应用于某个补间的所有属性。

（2）添加不同的缓动预设或自定义缓动：使用动画编辑器可以添加不同预设、添加多个预设或创建自定义缓动。对补间属性添加缓动是模拟对象真实行为的简便方式。

（3）合成曲线：用户可以对单个属性应用缓动，然后使用合成曲线在单个属性图上查看缓动的效果。合成曲线表示实际的补间。

（4）锚点和控制点：您可以使用锚点和控制点隔离补间的关键部分并进行编辑。

（5）动画的精细调整：动画编辑器是制作某些种类动画的唯一方式，如对单个属性通过调整其属性曲线来创建弯曲的路径补间。

二、基础操作概述

1. 打开动画编辑器面板

创建一个补间动画，使用动画编辑器调整该补间的操作步骤如下：

在【时间轴】上，选择要调整的补间动画，然后双击该补间范围。也可以右击该补间范围，在弹出的快捷菜单中选择【调整补间】命令调出动画编辑器。

2. 属性曲线

动画编辑器使用二维图形（称为属性曲线）表示补间的属性。这些图形合成在动画编辑器的一个网格中。每个属性有自己的属性曲线，横轴（从左至右）为时间，纵轴为属性值的改变。

可以通过在动画编辑器中编辑属性曲线来操作补间动画。因此，动画编辑器使得属性曲线的顺畅编辑更为容易，从而使用户可以对补间进行精确控制。可以通过添加属性关键帧或锚点来操作属性曲线。用户可以对属性曲线的关键部分进行操作，这些关键部分就是让补间显示属性转变的位置。

需要注意，动画编辑器只允许编辑那些在补间范围中可以改变的属性。例如，渐变斜角滤镜的品质属性在补间范围中只能被指定一个值，因此不能使用动画编辑器来编辑它。

3. 锚点

为了达到对属性曲线的更好控制，通过锚点可以对属性曲线的关键部分进行明确修改。在动画编辑器中可以通过添加属性关键帧或锚点来精确控制大多数曲线的形状。

锚点在网格中显示为一个正方形。使用动画编辑器，可以通过对属性曲线添加锚点或修改锚点位置来控制补间的行为。添加锚点时，会创建一个角，这是曲线中穿过角度的位置。不过可以对控制点使用贝塞尔控件，以平滑任意一段属性曲线。

4. 控制点

为了平滑或修改锚点任一端的属性曲线，可以通过控制点来实现。使用标准贝塞尔控件可以修改控制点。

5. 编辑属性曲线

要编辑补间的属性，可执行以下操作：

在Animate中，选中一个补间范围并右击，在弹出的快捷菜单中选择调整补间调出动画编辑器（或者双击选定的补间范围）。

向下滚动，选择想要编辑的属性。

出现选定属性的属性曲线时，可选择执行以下操作：

添加锚点，单击属性曲线上要添加锚点的帧，或者双击曲线来添加一个锚点。

选择一个现有锚点（任一方向），将其移动到网格中需要的帧处。垂直方向的移动受属性值范围的限制。

删除锚点，方法是选择一个锚点，然后按住【Ctrl】键单击（在Mac中，按住【Cmd】键单击）。

6. 使用控制点编辑属性曲线

要使用控制点编辑属性曲线，可执行以下操作：

在Animate中，选中一个补间范围并右击，在弹出的快捷菜单中选择调整补间调出动画编辑器（或者双击选定的补间范围）。

向下滚动，选择想要编辑的属性。

出现选定属性的属性曲线时，可选择执行以下操作：

添加锚点，单击网格中要添加锚点的帧，或者双击曲线来添加一个锚点。

选择网格中一个现有的锚点。

选中锚点后，按住【Alt】键垂直拖动它以启用控制点。可以使用贝塞尔控件修改曲线的形状，从而平滑角线段。

7. 复制属性曲线

用户可以在动画编辑器中为多个属性复制属性曲线。

要复制属性曲线，可执行以下操作：

在Animate中，选中一个补间范围并右击，在弹出的快捷菜单中选择调整补间调出动画编辑器（或者双击选定的补间范围）。

选择要复制其曲线的属性并右击，在弹出的快捷菜单中选择【复制】命令，或者按【Ctrl+C】组合键（在Mac中按【Cmd+C】组合键）。

选择要在其中粘贴所复制属性曲线的属性并右击，在弹出的快捷菜单中选择【粘贴】命令，或者按【Ctrl+V】组合键（在Mac中，按【Cmd+V】组合键）。

8. 翻转属性曲线

要翻转属性曲线，可执行以下操作：

在动画编辑器中选择一个属性并右击，在弹出的快捷菜单中选择【翻转】命令即可翻转属性曲线。

9. 应用预设缓动和自定义缓动

通过缓动可以控制补间的速度，对补间动画应用缓动，可以对动画的开头和结束部分进行操作，以使对象的移动更为自然，从而产生逼真的动画效果。例如，有一种情况经常使用缓动，即在对象的运动路径结尾处添加逼真的加速或减速效果。在一个坚果壳中，Animate根据对属性应用的缓动，来改变属性值的变化速率。

缓动可以简单，也可以复杂。Animate包含多种适用于简单或复杂效果的预设缓动。用户还可以对缓动指定强度，以增强补间的视觉效果。在动画编辑器中，还可以自定义缓动曲线。

因为动画编辑器中的缓动曲线可以很复杂，所以可以使用它们在舞台上创建复杂的动画而无须在舞台上创建复杂的运动路径。除空间属性"X位置"和"Y位置"外，还可以使用缓动曲线创建其他任何属性的复杂补间。

10. 自定义缓动

自定义缓动允许用户使用动画编辑器中的自定义缓动曲线创建自己的缓动。然后可以将此自定义缓动应用到选定补间的任何属性。

自定义缓动图表示动作随时间变化的幅度。横轴表示帧，纵轴表示补间的变化比例。动画中的第一个值在0%的位置，最后一个关键帧可以设置为0%~100%之间的值。补间实例的变化速率由图形曲线的斜率表示。如果在图中创建的是一条水平线（无斜度），则速率为0；如果在图中创建的是一条垂直线，则会有一个瞬间的速率变化。

11. 对属性曲线应用缓动曲线

要对补间的属性添加缓动，可执行以下操作：

在动画编辑器中，选择要对其应用缓动的属性，单击【添加缓动】按钮，打开【缓动】面板。

在【缓动】面板中可以选择：

从左窗格选择一个预设，以应用预设缓动。在【缓动】字段中输入一个值，以指定缓动强度。

选择左窗格中的【自定义缓动】，然后修改缓动曲线，以创建一个自定义缓动。有关更多信息，请参阅创建和应用自定义缓动曲线。

单击【缓动】面板之外的任意位置关闭该面板。请注意，【添加缓动】按钮会显示用户应用到属性的缓动的名称。

12. 创建和应用自定义缓动曲线

要对补间属性创建和应用自定义缓动，可执行以下操作：

在动画编辑器中，选择要对其应用自定义缓动的属性，然后单击【添加缓动】按钮以显示【缓动】面板。

在【缓动】面板中，可通过以下方式修改默认的自定义缓动曲线：

按住【Alt】键单击曲线，在曲线上添加锚点。然后可以将这些点移动到网格中任何需要的位置。

对锚点启用控制点（按住【Alt】键单击锚点），以平滑锚点任一端的曲线段。

单击【缓动】面板外部关闭该面板。需要注意，【添加缓动】按钮会显示"自定义"字样，表示对属性应用了自定义缓动。

13. 复制缓动曲线

要复制缓动曲线，可执行以下操作：

在【缓动】面板中，选择要复制的缓动曲线，然后按【Ctrl+C】组合键（在Mac中，按【Cmd+C】组合键）。

选择要在其中粘贴所复制缓动曲线的属性，然后按【Ctrl+V】组合键（在Mac中，按【Cmd+V】组合键）。

14. 对多个属性应用缓动

现在可以对属性组应用预设缓动或自定义缓动了。动画编辑器将属性按层次结构组织成属性组和一些子属性。在此层次结构中，用户可以选择对任一级别的属性（即单个属性或属性组）应用缓动。

需要注意，在对某个属性组应用缓动之后，用户还可以继续编辑各个子属性。这也就意味着，用户可以对某个子属性应用另外不同的缓动（不同于对组应用的缓动）。

要对多个属性应用缓动，可执行以下操作：

在动画编辑器中，选择该属性组，然后单击【添加缓动】按钮，打开【缓动】面板。

在【缓动】面板中，选择一个预设缓动或创建一个自定义缓动。单击【缓动】面板之外的任意位置，即可对该属性组应用选定的缓动。

15. 合成曲线

对属性曲线应用缓动曲线时，网格中便会显示一条视觉叠加曲线，称为合成曲线。合成曲线可精确表示应用于属性曲线的缓动效果。它显示了补间对象的最终动画效果。测试动画时，合成曲线可以让用户更易于了解在舞台上看到的效果。

16. 控制动画编辑器的显示

在动画编辑器中，可以控制显示要编辑哪些属性曲线以及每条属性曲线的显示大小。以大尺寸显示的属性曲线更易于编辑。

新的动画编辑器只显示应用于补间的那些属性。

可以使用【适合视图】切换按钮让动画编辑器适合时间轴的宽度。

可以调整动画编辑器的大小，并使用时间轴缩放控件选择显示更少或更多的帧。还可以使用滑块设置动画编辑器的合适视图。

动画编辑器还具有垂直缩放切换功能。可以使用【垂直缩放】在动画编辑器内显示属性值的适当范围。借助放大功能还可以对属性曲线进行更为精细的编辑。

默认情况下，属性在动画编辑器的左窗格中是展开显示的。不过，单击属性名称可折叠下拉列表。

17. 键盘快捷键

双击属性曲线可以添加锚点。

按住【Alt】键拖动锚点可以启用控制点。

按住【Alt】键拖动选定控制点可对其进行操作（单侧编辑）。

按住【Alt】键单击锚点可禁用控制点（角点）。

按住【Shift】键拖动锚点可沿直线方向移动它。

按住【Command/Control】键单击锚点可删除它。

【上下箭头】键：垂直移动选定锚点。

【Command/Control+C/V】：复制/粘贴选定曲线。

【Command/Control+R】：翻转选定曲线。

【Command/Control+滚动鼠标】：放大/缩小。

案例实施

一、制作动画预设效果

（1）运行Animate CC软件，选择【新建】|【ActionScript 3.0】选项，新建一个文件。

（2）把"图层1"重命名为【背景】，绘制一个长方体，填充渐变色，如图3-83所示。

（3）新建图层，重命名为"球"，在场景中绘制一个球，如图3-84所示。

第3章 基本动画类型的制作

图3-83 绘制背景图

图3-84 绘制球

(4) 选择【窗口】|【动画预设】命令，打开【动画预设】面板。

(5) 在【动画预设】面板中双击【默认设置】，展开"默认设置"列表。

(6) 选择场景中的"球"，单击【多次跳跃】选项，单击【确定】按钮。

(7) 在时间轴上自动生成10个关键帧和补间动画，同时场景中自动生成一条绿色的运动路线和关键点，如图3-85所示。

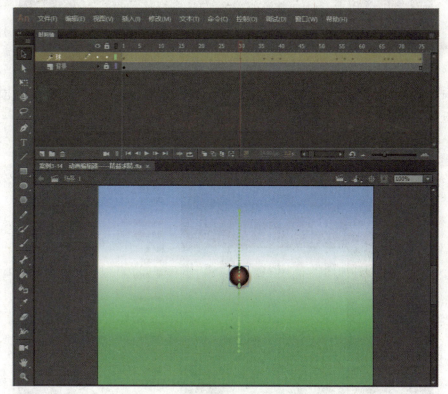

图3-85 自动生成10个关键帧和补间动画

(8) 保存文件（命名为：案例3-14 动画编辑器——精益求精），按【Ctrl+Enter】组合键进行影片测试。

二、动画编辑器应用

(1) 在时间轴上选择"球"图层第35帧，如图3-86所示。

- 83 -

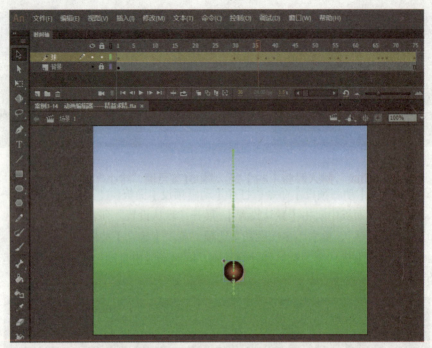

图3-86 选择"球"图层第35帧

（2）在时间轴上选择要调整的补间动画，然后双击该补间范围。也可以右击该补间范围，选择【调整补间】命令调出动画编辑器，如图3-87所示。

图3-87 调出动画编辑器

(3)在动画编辑器中,选择【位置】中的"X"轴,如图3-88所示。

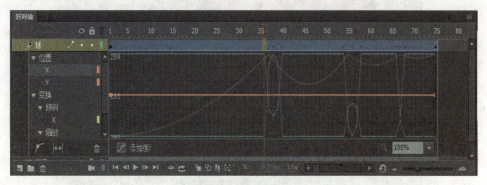

图3-88　动画编辑器

(4)在动画编辑器中,双击红线中的第30帧,添加3个控制点,如图3-89所示。

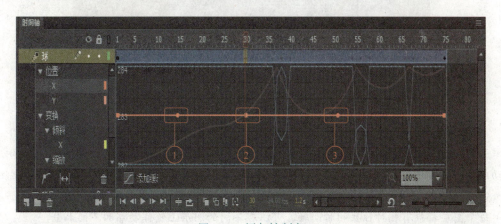

图3-89　添加控制点

(5)在动画编辑器中,拖动缓动控制点,可以调节运动速度和位置,如图3-90所示。

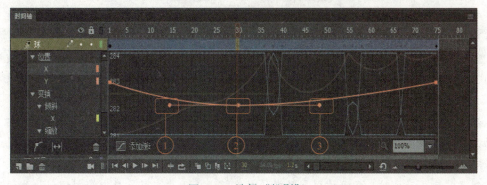

图3-90　选择"投影"

(6)保存文件(命名为:案例3-14　动画编辑器——精益求精2),按【Ctrl+Enter】组合键进行影片测试,如图3-91所示。

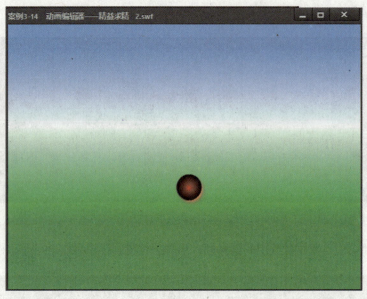

图3-91 动画效果

小　　结

　　本章主要介绍了图层和帧的基本操作，Animate中动画的类型以及逐帧动画的特点和创建方法、传统补间动画的创建方法、引导层动画的创建方法、元件的创建和库使用。在本章的学习中还应注意以下几点：

　　（1）每个图层都拥有相对独立的时间轴，可以在不同的图层上制作动画的不同部分。

　　（2）Animate中的帧分为关键帧、空白关键帧和普通帧三种类型，在制作动画的过程中，不同类型的作用也不相同。

　　（3）Animate中的动画分为逐帧动画和补间动画两种，逐帧动画具有动作细腻、流畅的优点，但也具有制作复杂、输出文件容量较大的缺点。

　　（4）传统补间动画是指在前后两个关键帧中放置同一元件案例，用户只需对着两个关键帧上的元件案例的位置、角度、大小和透明度等进行设置，然后由Animate自动生成中间各帧上的对象所形成的动画。

　　（5）基于对象的补间动画也是在不同的关键帧中设置同一对象的不同属性形成的动画。但基于对象的补间动画中用来设置对象属性的帧称为属性关键帧，其编制方法与传统中的不同，此外，还可利用【动画编辑器】对创建的动画进行调整。

　　（6）创建引导层动画时，位于被引导层中的对象将沿着用户在引导层中绘制的引导线运动。需要注意的是，对象的变形中心一定要吸附到引导线上。此外，引导线的转折点过多、转折处的线条转弯过急、中间出现中断或交叉重叠现象，都可能导致Animate无法准确判定对象的运动路径，导致引导失败。

（7）形状补间动画是指一个形状变成另一个形状的动画效果。在创建形状补间动画时，只需设置前后两个关键帧中的图形形状即可。此外，还可使用形状提示来约束前后两个关键帧上形状的变化。

（8）在传统补间动画和补间动画的开始帧及结束帧中只能有一个补间对象。其中，传统补间动画的创建对象只能是元件案例，基于对象的补间动画的创建对象可以是元件案例或文本，而形状补间动画的创建对象只能是分离的矢量图形。

（9）若在创建传统补间动画或形状补间动画后，开始与结束帧之间不是箭头而是虚线，表示补间动画没有创建成功。

（10）在制作大型的Animate动画时，将动画的不同部分放置在不同场景中，有利于对动画进行编辑和管理。

（11）利用动画预设面板可以快捷地为对象添加Animate预设的动画效果。

练习与思考

一、填空题

1. Animate CC动画文件的扩展名为_____，播放动画后，生成播放文件的扩展名为_____。
2. Animate CC 默认情况下创建的文档所使用的脚本语言是_____。
3. _____位于工作界面的正中间部位，是放置动画内容的矩形区域。

二、选择题（1~4单选，5~6多选）

1. Animate CC 的时间轴中，主要包括（　　）部分。
   A. 图层、帧和播放头　　　　　　　　B. 图层、帧和帧标题
   C. 图层文件夹、图层和帧　　　　　　D. 图层文件夹、播放头、帧标题
2. 在Animate CC 开始页面中，无法直接建立（　　）文件。
   A. Animate文档　　B. 幻灯片放映文件　　C. GIF文件　　D. Animate项目
3. 在Animate CC 中，通过快捷键（　　）可以在所有面板之间进行关闭/打开切换。
   A.【F1】　　　　B.【F4】　　　　C.【Tab】　　　　D.【Ctrl+Tab】
4. 以下是对Animate【撤销】菜单命令的描述，其中正确的是（　　）。
   A. 默认支持的撤销级别数为50　　　　B. 撤销级别数固定不变
   C. 可设置的撤销级别数是2~300　　　D. 可设置的撤销级别数是2~1 000
5. 以下对Animate舞台和工作区的陈述中错误的是（　　）。
   A. 舞台位于文档窗口的中间，默认为白色，也可设置为其他颜色
   B. 工作区位于舞台的周围，显示为灰色，为固定大小
   C. 放置在舞台和工作区中的内容都会显示在最终的SWF文档中
   D. 工作区可以根据内容的增加而进行扩展，以便放置更多的对象

6.【历史记录】面板的使用可以方便地撤销和重做相关操作,下列说法正确的是(　　)。

　　A. 如果撤销了一个步骤或一系列步骤,然后又在文档中执行了某些新步骤,则无法再重做已撤销的那些步骤,它们已从面板中消失

　　B. 在撤销了【历史记录】面板中的某个步骤之后,如果要从文档中除去删除的项目,可使用【保存并压缩】命令

　　C. 默认情况下,Animate 的【历史记录】面板支持的撤销次数为 100

　　D. 可以在 Animate 的【首选参数】中选择撤销和重做的级别数(2~9 999)

第4章

高级动画类型的制作

遮罩动画是Animate中的一个很重要的动画类型，很多效果丰富的动画都是通过遮罩动画来完成的。在Animate的图层中有一个遮罩图层类型，为了得到特殊的显示效果，可以在遮罩层上创建一个任意形状的"视窗"，遮罩层下方的对象可以通过该"视窗"显示出来，而"视窗"之外的对象将不会显示。

在Animate动画中，"遮罩"主要有两种用途：一是用在整个场景或一个特定区域，使场景外的对象或特定区域外的对象不可见；另外也可用来遮罩住某一元件的一部分，从而实现一些特殊的效果。

被遮罩层中的对象只能透过遮罩层中的对象被看到。在被遮罩层可以使用按钮、影片剪辑、图形、位图、文字、线条。可以在遮罩层、被遮罩层中分别或同时使用形状补间动画、动作补间动画、引导层动画等动画手段，从而使遮罩动画变成一个可以施展无限想象力的创作空间。

本章将学习遮罩动画的形成原理和制作方法，学会制作遮罩文字动画、水墨遮罩动画、卷轴动画、放大镜效果动画。

学习目标

- 掌握遮罩动画的应用。
- 掌握遮罩文字动画制作。
- 掌握水墨遮罩动画制作。
- 掌握卷轴动画制作。
- 掌握放大镜效果动画制作。
- 通过学习各类遮罩动画案例，在学习中感受中华传统文化魅力，传承中华优秀传统文化，坚定文化自信。同时，通过学习遮罩动画的制作方法，促使学生主动探索，发挥主观能动性，培养创新意识。

案例 4-1　遮罩动画——遮罩文字

遮罩动画——
遮罩文字

📼 情境导入

落　英　缤　纷

"忽逢桃花林，夹岸数百步，中无杂树，芳草鲜美，落英缤纷，渔人甚异之。"

渔人与桃源的邂逅，便起于这异于尘凡的景色。陶渊明虽未明言渔人发现桃源的时节，但唯有春日晴暖，方能青草鲜嫩，桃花开放。清溪两岸的百步桃林，粉色的花瓣，伴着和煦轻风，摇曳，流泻。

落英缤纷，意思是坠落的花瓣杂乱繁多地散在地上，形容落花纷纷飘落的美丽情景。

【作者】陶潜（365—427）东晋文学家，诗人。字渊明，亦说名渊明，字元亮，浔阳柴桑（今江西九江市西）人。东晋末、南朝宋之间的杰出诗人。陶渊明的作品感情真挚、朴素自然，有时流露出逃避现实、乐天知命的老庄思想，有"田园诗人"之称。

【出处】晋·陶潜《桃花源记》。

📑 案例说明

遮罩文字效果是Animate文字动画作品中，常见美化文字的效果。本例中遮罩层是文字，被遮罩层是运动的图片。

📒 相关知识

一、遮罩动画的相关概念

遮罩又称"蒙版"，是Animate动画中很常用也很实用的功能。简单地说，就是通过上面的某个形状的"孔"，有选择地显示下方的内容。在"孔"之外的其他对象，都无法显示出来。

在【时间轴】面板上方的图层称为"遮罩层"，下方的图层称为"被遮罩层"，如图4-1所示。

图4-1　遮罩的图层效果

1．遮罩层

遮罩层就是通常意义上的"孔"，在最终的遮罩效果中会显示出遮罩的形状，但不能显示出遮罩本来的颜色。

遮罩项目可以是填充的形状、文字对象、图形元件的案例或影片剪辑，但不能是普通的线条。如果要使用线条作为遮罩层，必须将线条转换为填充后才能使用（选择【修改】|【形状】|【将线条转换为填充】命令）。

2. 被遮罩层

被遮罩层就是放置需要被显示内容的图层，无论是图形（包括线条），还是文字图片，都可以被遮罩显示。

在一个遮罩效果中，遮罩图层只能有一个，但被遮罩图层可以有多个，可以将多个图层组织在一个遮罩层之下来创建复杂的效果。

二、创建遮罩动画

在Animate中没有专门的按钮创建遮罩层，在【时间轴】面板上右击某个图层，在弹出的快捷菜单中选择【遮罩层】命令，就可以将该图层转换为"遮罩层"，Animate会自动将遮罩层的下层关联为"被遮罩层"，在缩进的同时，图标变为被遮罩层图标。

案例实施

（1）启动Animate，新建一个文档。将尺寸设置为600像素（宽度）×400像素（高度），舞台颜色设置为灰色。

（2）将图层1重命名为"文字"。

（3）单击【属性】按钮，打开【属性】面板，设置"系列"为"华文琥珀"，文字"大小"为120，"颜色"为"黑色"，如图4-2所示。

（4）在文字图层第1帧处，选择【文本工具】，在舞台窗口中输入文本"落英缤纷"。并在第60帧处插入帧。

（5）导入背景图像。新建图层2，重命名为"图片"，将其拖动到文字图层的下方，然后导入背景图到舞台中，如图4-3所示。

图4-2　在场景中输入文字

图4-3　导入背景图到舞台中

（6）导入第2张背景图像。在图片图层的第30帧处插入空白关键帧，并在此导入第2张背景图到舞台中，如图4-4所示。

（7）插入帧。在图片图层的第60帧处插入帧。

（8）制作遮罩层动画。在文字图层上右击，在弹出的快捷菜单中选择【遮罩层】命令，时间轴如图4-5所示。

（9）遮罩文字制作完成。第1帧处效果如图4-6所示。第30帧处效果如图4-7所示。

图4-4　导入第2张背景图到舞台中

图4-5　时间轴

图4-6 第1帧处遮罩效果

图4-7 第30帧处遮罩效果

（10）按【Ctrl+Enter】组合键测试影片，即可观看到美丽的遮罩文字。

案例 4-2　遮罩效果——水墨遮罩

视 频
遮罩动画——
水墨遮罩

情境导入

麽　乜

相传龙珠是太阳的火种，太阳靠龙珠的火才能光照大地，布洛陀神兽图额（后人称为龙）是负责照看龙珠的守护神。有天龙珠突然失落到右江支系澄碧河畔，龙在壮族青年伯皇的帮助下，历尽艰辛，终于在农历五月初五（即端午节）找回龙珠使太阳重现光芒。后来每到端午时节，人们用布制成人抱龙珠造型的配饰物，并称之为"麽乜"，来供奉和纪念英雄伯皇，人们相互馈赠，祈求世代平安吉祥，这一习俗流传至今。

2012年5月，右江壮族麽乜制作技艺被列入第四批自治区级非物质文化遗产代表性项目，预示着麽乜将在新时代里得到更好的传承和发扬。如今，"右江麽乜"已成为具有壮族历史文化内涵的民间工艺品。

案例说明

在本案例中，遮罩层是水墨图，被遮罩层是麽乜图片。通过遮罩层中水墨图片的补间形状动画实现麽乜逐步水墨出现的动画效果。通过该案例将体会到将遮罩图层设置动画后的动画效果。

相关知识

遮罩动画的制作要点

（1）遮罩效果的形状，取决于遮罩层对象的形状。

例如，图4-8、图4-9被遮罩层均是同一幅图，因遮罩层的形状不一样，效果也不同。

（2）要创建动态效果，可以让遮罩层或被遮罩层动起来。对于填充形状，可以使用补间形状；对于文字对象、图形案例或影片剪辑，可以使用补间动作。当使用影片剪辑案例作为遮罩时，可以让遮罩沿着运动路径运动。

图4-8 遮罩效果（1）

图4-9 遮罩效果（2）

案例实施

（1）启动Animate，创建一个文档。将尺寸设置为550像素（宽度）×400像素（高度），舞台颜色设置为橙色。

（2）导入素材。选择【文件】|【导入】|【导入到库】命令，将水墨图、麽乜图等导入到库中。

（3）麽乜图层。将图层1重合名为"麽乜"，并在"麽乜"图层的第1帧处放入一张麽乜图片，调整图片的大小、位置。

（4）水墨图层。新建图层2，并重命名为"水墨"。在"水墨"图层的第1帧处导入第一张水墨图片，并选择【修改】|【位图】|【转换位图为矢量图】命令，将位图转换为矢量图后即可制作补间形状动画，如图4-10所示。

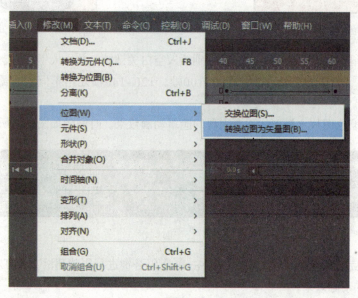
图4-10 将位图转换为矢量图

（5）关键帧处的水墨图形。调整水墨图层第1帧处的水墨大小位置，如图4-11所示。在水墨图层第20帧处插入关键帧，并调整水墨的大小位置如图4-12所示。

图4-11　第1帧处的水墨

图4-12　第20帧处的水墨

（6）创建补间形状动画。在水墨图层第1帧和第20帧间的任一帧上右击，在弹出的快捷菜单中选择【创建补间形状】命令。

（7）创建遮罩动画。在水墨图层上右击，在弹出的快捷菜单中选择【遮罩层】命令，"水墨"图层即为遮罩层，"麽乜"图层为被遮罩层。

（8）创建遮罩动画后，第1帧处的遮罩效果如图4-13所示，第20帧处的遮罩效果如图4-14所示。

图4-13　第1帧处的遮罩效果

图4-14　第20帧处的遮罩效果

（9）在"麽乜"图层的第40、80、120帧分别插入空白关键帧，并导入不同的麽乜图片。

（10）在"水墨"图层的第40~60帧、80~100帧、120~140帧处用不同的水墨图片制作水墨的补间形状动画。

（11）完成不同麽乜图片水墨形状逐渐出现的遮罩动画效果。时间轴如图4-15所示。

图4-15　时间轴

（12）动画制作完成后保存文件，按【Ctrl+Enter】组合键进行影片测试，即可观看到麽乜图片以水墨的形状逐渐显示的动画效果。

案例 4-3　遮罩动画——卷轴动画

视　频

遮罩动画——
卷轴动画

📖 情境导入

开卷有益

宋朝初年，宋太宗赵光义，很爱读文史一类书籍。他把文学家李昉等人召来，要他们编一部大型辞书。

李昉等人花了七年工夫，摘录了1 600种古籍。太平年间，终于编成了共1 000卷的《太平总类》。太宗见了这部巨著，非常高兴。他规定自己，每天必须阅读三卷。有时候，由于朝政忙，他没有能按计划阅读。以后一有空，他就补读。侍臣们见宋太宗读这厚厚的书太劳神，劝他休息。宋太宗对他们说：开卷有益，我不觉得疲劳啊！

这部书因为是皇帝看过的，后来就改名为《太平御览》。

宋太宗由于每天阅读三卷《太平御览》，学问十分渊博，处理国家大事也十分得心应手。当时的大臣们见皇帝如此勤奋读书，也纷纷效仿，所以当时读书的风气很盛，连平常不读书的宰相赵普，也孜孜不倦地阅读《论语》，有"半部论语治天下"之谓。

后来，"开卷有益"便成了成语，形容只要打开书本读书，总会有益处。常用于勉励人们勤奋好学，多读书就会有得益。

📋 案例说明

卷轴动画效果是Animate动画作品中常见的一种遮罩动画。

📋 相关知识

可以在遮罩层、被遮罩层中分别或同时使用形状补间动画、动作补间动画等动画手段。

（1）"卷轴棒"动画制作原理：把图片"卷轴棒"从左到右移动，制作成补间动画。

（2）"画布遮罩"动画制作原理：把红色画布制作成从小到大向右绽放的形状补间动画。

📝 案例实施

（1）运行Animate，新建一个文档。将尺寸设置为600像素（宽度）×300像素（高度），舞台颜色设置为白色。

（2）将"背景"图片导入到库，将库中的"背景"图片拖动到舞台，并将背景图片"水平居中""垂直居中"对齐。将图层1重命名为"画布"，效果如图4-16所示。

图4-16　背景

（3）选择【插入】|【新建元件】命令，在打开的【创建新元件】对话框中，输入名称：文字，【类型】设置为"图形"，单击【确定】按钮，完成元件的创建。

（4）选择【文本工具】，单击【属性】按钮，打开【属性】面板，设置"系列"设置为"华文行楷"，文字"大小"为100，"颜色"为"黑色"。在舞台窗口中输入文本"开卷有益"。并将元件重命名为"文字"。并在第55帧处插入帧。

（5）在"文字"元件中新建图层2，将图层命名为"遮罩"，在第1帧绘制一个矩形，设置"颜色"

为"红色",如图4-17所示。

(6) 在第40帧插入关键帧,绘制矩形拉长效果,要求矩形能够完全覆盖文字。

(7) 在"遮罩"图层第1帧和第40帧间的任一帧处右击,在弹出的快捷菜单中选择【创建补间形状】命令。在"遮罩"图层栏上右击,在弹出的快捷菜单中选择【遮罩层】命令。并在第55帧处插入帧,此时【时间轴】面板的状态如图4-18所示。返回场景1。

图4-17 绘制矩形

图4-18 文字元件制作遮罩动画后时间轴

(8) 在场景1中,新建"图层2",将图层重命名为"卷轴棒",将库中的"卷轴棒"素材放置在舞台中,要求"卷轴棒"能够完全覆盖"画布"图层的卷轴棒。在"画布"图层第55帧处插入帧。

(9) 新建"图层3",将图层重命名为"画布遮罩",在第1帧处绘制一个矩形,设置颜色为"红色",如图4-19所示。

(10) 在"卷轴棒"和"画布遮罩"第40帧处插入关键帧,将"卷轴棒"移到右边与"画布"图层的卷轴棒完全重合,将"画布遮罩"矩形拉长,盖住"画布"图层,右边的卷轴棒不要遮住,如图4-20所示。

图4-19 绘制矩形

图4-20 "卷轴棒"移到右边

(11) 将"卷轴棒"和"画布遮罩"图层调换图层顺序,"卷轴棒"图层位于"画布遮罩"图层上方。并在第55帧处插入帧,如图4-21所示。

(12) 在"画布遮罩"图层,第1帧和第40帧之间的任一帧处右击,在弹出的快捷菜单中选择【创建补间形状】命令。在"卷轴棒"图层,第1帧和第40帧之间的任一帧处右击,在弹出的快捷菜单中选择【创建传统补间】命令。在"画布遮罩"图层栏上右击,在弹出的快捷菜单中选择【遮罩层】命令。此时【时间轴】面板的状态如图4-22所示。

图4-21 调换图层顺序

图4-22 创建动画

（13）新建"图层4"，将图层重命名为"文字"，在第10帧处插入空白关键帧，并将"文字"元件放置在舞台中，"水平居中""垂直居中"对齐，在第55帧处插入帧，效果如图4-23所示。

图4-23　将"文字"元件放置在舞台中

（14）卷轴动画效果制作完成。按【Ctrl+ Enter】组合键测试影片，可观看到卷轴打开，文字出现。

案例 4-4　遮罩动画——放大镜效果

视　频

遮罩动画—放大镜效果

情境导入

寸　草　春　晖

唐代诗人孟郊写过一首题为《游子吟》的诗。这首诗以富有感情的语言，表达了一位慈母对即将离开自己的儿子的深深的爱。读来令人感动。

慈母手中线，游子身上衣。
临行密密缝，意恐迟迟归。
谁言寸草心，报得三春晖。

全诗只有短短六句，大意是：即将漂泊异乡的儿子啊，你身上穿的衣裳是母亲手中的线缝做的呀。临行时让我把这衣裳缝得密密的，怕的是在外日子久会破损。谁说做儿子的这颗像小草一样稚弱的心，能报答得了母亲像春天阳光一样的慈爱呢？成语"寸草春晖"就是从这首诗而来的。

【解释】寸草：小草，借指儿女。春晖：春天的阳光。小草难以报答春天阳光的恩惠。比喻子女报答不尽父母的养育之恩。

【出处】唐·孟郊《游子吟》。

案例说明

放大镜效果是Animate动画作品中常见的一种遮罩动画。

相关知识

放大镜效果是利用放大镜和大、小两个图层文字以及灰、白两个与放大镜镜面一样大的圆，通过遮罩层动画得到的效果。其中放大镜、白圆两张图片只是左右移动的效果，遮罩层设置在灰圆上，它遮罩的是大字图层。

案例实施

（1）打开"放大镜素材.fla"素材，把图层重命名为"放大镜"（也可以新建文件后自己导入放大镜素材）。

（2）新建图层，把图层重命名为"小字"，选择【文本工具】，在舞台窗口中输入文本"谁言寸草心，报得三春晖？"，选择刚输入的文本，打开【属性】面板，设置"系列"为"隶书"，"颜色"为"黑色"，文字"大小"为"30"，"字母间距"为"20"，如图4-24所示。

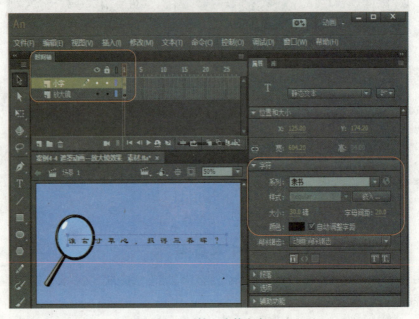

图4-24　输入小的文字

（3）新建图层，把图层重命名为"大字"，选择【文本工具】，在舞台窗口中输入文本"谁言寸草心，报得三春晖？"，选择刚输入的文本，打开【属性】面板，设置"系列"为"隶书"，"颜色"为"黑色"，文字"大小"为"60"，"字母间距"为"-10"，如图4-25所示。

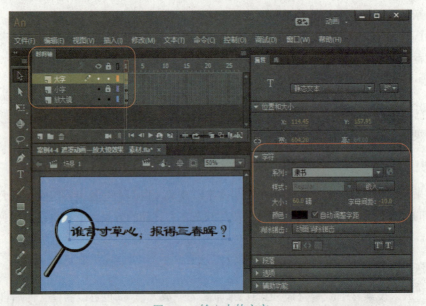

图4-25　输入大的文字

（4）新建图层，把图层重命名为"灰圆"，选择【椭圆工具】，绘制一个和放大镜镜面一样大的圆（因为放大镜的镜面是透明的，以"灰圆"为遮罩层），如图4-26所示。

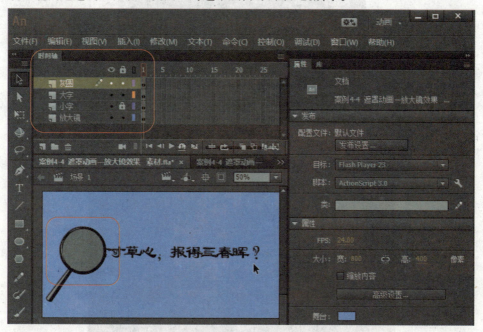

图4-26　绘制灰圆

（5）新建图层，把图层重命名为"白圆"，选择在【椭圆工具】，绘制一个和放大镜镜面一样大的圆（因为放大镜的镜面是透明的，以"灰圆"为遮罩层），如图4-27所示。

图4-27　绘制白圆

(6)调整图层位置,如图4-28所示。

图4-28　调整图层位置

(7)分别单击"大字"和"小字"图层第100帧,按【F5】键插入帧,如图4-29所示。

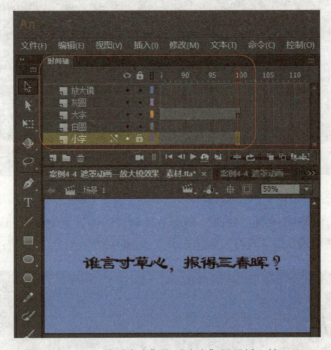

图4-29　给"大字"和"小字"图层插入帧

(8)分别单击"放大镜""灰圆""白圆"图层第50帧和第100帧,按【F6】键插入关键帧,如图4-30所示。

图4-30　插入关键帧

(9)分别在"放大镜""灰圆""白圆"图层第50帧处,把放大镜、灰圆、白圆移动到文字的右边,如图4-31所示。

(10)分别在"放大镜""灰圆""白圆"图层第0~50帧、第50~100帧处创建传统补间,如图4-32所示。

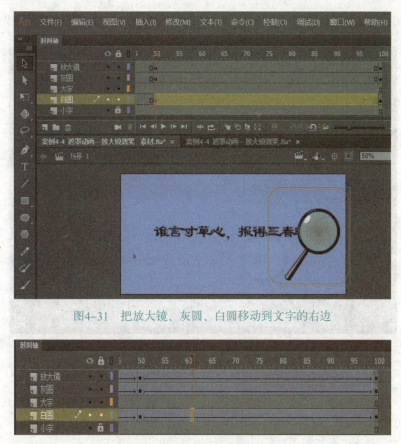

图4-31 把放大镜、灰圆、白圆移动到文字的右边

图4-32 创建传统补间

(11)在"灰圆"图层右击,在弹出的快捷菜单中选择"遮罩层"命令,如图4-33所示。

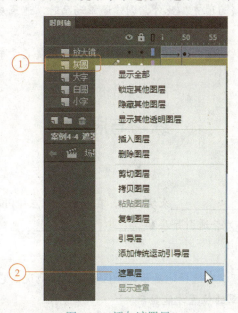

图4-33 添加遮罩层

（12）按【Ctrl+Enter】组合键测试影片，可观看到放大镜所到之处文字均放大，效果如图4-34所示。

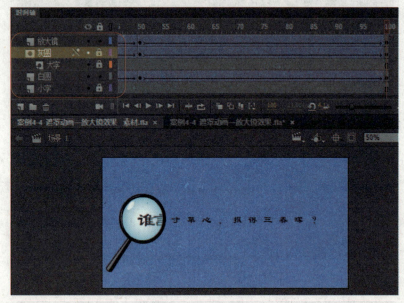

图4-34　遮罩层效果

小　　结

本章主要介绍了遮罩动画操作，元件的创建和库使用。在本章的学习中还应注意以下几点：

（1）被遮罩层中的对象只能透过遮罩层中的对象才能显示出来。遮罩层中的对象不能是线条，若一定要使用线条，必须将线条转换为填充。此外，创建遮罩动画时，遮罩层中对象的透明度、颜色等属性不会对遮罩效果产生影响。

（2）在学习遮罩动画时，既要学习它们的基本制作方法，还要善于举一反三，从而制作出更多、更精彩的动画。

练习与思考

一、填空题

1. 遮罩动画主要是通过_____来实现的，在概念上有点像Photoshop中的遮罩。
2. 引导层又称辅导层，分为普通引导层和_____。

二、选择题

1. Animate中的"遮罩"可以有选择地显示部分区域。具体地说，它是（　　）。

　　A. 反遮罩，只有被遮罩的位置才能显示

B. 正遮罩，没有被遮罩的位置才能显示
C. 自由遮罩，可以由用户进行设定正遮罩或反遮罩
D. 以上选项均不正确

2. 下列对创建遮罩层的说法错误的是（　　）。
   A. 将现有的图层直接拖到遮罩层下面
   B. 在遮罩层下面的任何地方创建一个新图层
   C. 选择【修改】|【时间轴】|【图层属性】命令，然后在【图层属性】对话框中选择【被遮罩】
   D. 以上都不对

3. 作带有颜色或透明度变化的遮罩动画应该（　　）。
   A. 改变被遮罩的层上对象的颜色或Alpha
   B. 再做一个和遮罩层大小、位置、运动方式一样的层、在其上进行颜色或Alpha变化
   C. 直接改变遮罩颜色或Alpha
   D. 以上答案都不对

4. 遮罩的制作必须要用两层才能完成，下面（　　）描述正确。
   A. 上面的层称为遮罩层，下面的层称为被遮罩层
   B. 上面的层称为被遮罩层，下面的层称为遮罩层
   C. 上下层都为遮罩层
   D. 以上答案都不对

文本动画制作

  文本动画是计算机图形学中一个宽泛的术语，指创建移动的字母、单词或段落。在动画中，它能使屏幕上的文本在一个区域内移动，或者遵循一种运动模式移动。文本动画只使用文本字符，所以动画中的每个元素都由字母、数字、标点符号或其他符号组成。文本动画可以使用多种特殊效果，其中许多都与传统的三维动画效果和二维图像过滤器相同。在专业电影和视频、广播电视和演示文稿中，文本通常被设置为动画，以创建从一个主题到下一个主题的有趣转换或强调重要信息。利用Animate制作动态文字动画效果，主要利用了传统补间动画功能和Alpha属性。文本动画制作可以制作出很多种动态文字动画效果。

  本章将学习文字分离、编辑分离文字及文本特效的制作方法。

 学习目标

- 了解文字分离和编辑分离文字。
- 掌握文本特效制作方法。
- 培养具有坚持创造性转化、创新性发展，以社会主义核心价值观为引领，发展社会主义先进文化，大力传承和弘扬中华优秀传统文化的技能型人才。

案例 5-1　文本动画——分离文本动画

视　频

分离文本动画

📖 情境导入

故事：一诺千金

　　秦朝末年，在楚地有一个叫季布的人，性情耿直，为人侠义。只要是他答应过的事情，无论有多大困难，都设法办到，受到大家的赞扬。

　　楚汉相争时，季布是项羽的部下，曾几次献策，使刘邦的军队吃了败仗。刘邦当了皇帝后，想起这事，就气愤不已，下令通缉季布。

　　这时敬慕季布为人的人，都在暗中帮助他。不久，季布经过化装后到山东一家姓朱的人家当佣工。朱家明知他是季布，仍收留了他。后来，朱家又到洛阳去找刘邦的老朋友汝阴侯夏侯婴说情。刘邦在夏侯婴的劝说下撤销了对季布的通缉令，还封季布做了郎中，不久又改做河东太守。

　　有一个季布的同乡人曹邱生，专爱结交有权势的官员，借以炫耀和抬高自己，季布一向看不起他。听说季布又做了大官，他就马上去见季布。

　　季布听说曹邱生要来，就虎着脸，准备发落几句话，让他下不了台。谁知曹邱生一进厅堂，不管季布的脸色多么阴沉，话语多么难听，立即对着季布又是打躬，又是作揖，要与季布拉家常叙旧。并吹捧说："我听到楚地到处流传着'得黄金千两，不如得季布一诺'这样的话，您怎么能够有这样的好名声传扬在梁、楚两地的呢？我们既是同乡，我又到处宣扬你的好名声，你为什么不愿见到我呢？"季布听了曹邱生的这番话，心里顿时高兴起来，留他住了几个月，作为贵客招待。临走，还送给他一笔厚礼。

　　后来，曹邱生又继续替季布到处宣扬，季布的名声也就越来越大了。

　　【解释】诺：许诺。许下的一个诺言价值千金，比喻说话算数，讲信用。

　　【出处】《史记·季布栾布列传》：得黄金千两，不如得季布一诺。

📖 案例说明

　　Animate分离动画文本：利用分离方法将文本分离成独立的单个文字或矢量图形。

📅 相关知识

一、文字分离

　　选择【修改】|【分离】命令，可以将图5-1（a）所示的多个文字分离为独立的单个文字，如图5-1（b）所示。如果选中一个或多个单独的文字，再次选择【修改】|【分离】命令，可将其分离成矢量图形，如图5-1（c）所示。可以看出，分离的文字上面有一些小白点。

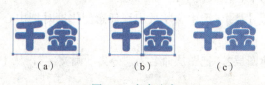

（a）　　　　（b）　　　　（c）

图5-1　文字分离

二、编辑分离文字

（1）对于文字，只可以进行缩放、旋转、倾斜等操作编辑操作，这可以通过使用【任意变形工具】来完成，也可以选择【修改】|【变形】命令来完成。

（2）对于分离的文字，可以像编辑图形一样进行各种操作。可以使用【选择工具】对其进行变形和切割等操作，可以使用【任意变形工具】对其进行封套和扭曲编辑操作，可以使用【套索工具】对其进行选取和切割操作，还可以使用【橡皮擦工具】进行擦除等操作。

三、设置和添加描边

选择【墨水瓶工具】，在【属性】面板设置填充颜色和笔触大小，如图5-2（a）所示。接着对文字形状进行描边，如图5-2（b）所示。

(a)   (b)

图5-2 设置和添加描边

案例实施

一、导入背景图片

（1）运行Animate CC软件，选择【新建】|【ActionScript 3.0】选项，新建一个文件。

（2）选择【文件】|【导入】|【导入到舞台】命令（快捷键【Ctrl+R】）。

（3）在【属性】面板中，把舞台大小设置为550像素×400像素，把图层命名为"背景"并且锁住图层。

二、创建文字动画元件

（1）选择【插入】|【新建元件】命令（快捷键【Ctrl+F8】）。

（2）在【创建新元件】对话框中，输入名称：分离动画文字，类型选择"影片剪辑"，单击【确定】按钮，完成元件的创建。

（3）选择【文本工具】，在舞台中单击，出现光标后，在【属性】面板设置字体为华文琥珀，大小为72，颜色为蓝色，在舞台的中心输入文本：一诺千金。

（4）选择【任意变形工具】，选中文字后出现任意变化框时把中心点对齐到画面的中心点，如图5-3所示。

（5）回到"场景1"，新建图层2，把图层命名为"分离动画文字"，从【库】面板中拉出【分离动画文字】元件到舞台的左上角。

图5-3 对齐中心点

三、创建分离动画文字

（1）选中舞台中的"一诺千多"文字，选择【修改】|【分离】命令，可以将多个文字分解为独立的文字，如图5-4（a）所示，再重复一次分离操作，可将它们分离成矢量图形，可以看出分离的文字上面有一些小白点，如图5-4（b）所示。或按两次【Ctrl+B】组合键即可完成文字分离。

（2）选择【选择工具】单击舞台的空白处，选择【墨水瓶工具】，在【属性】面板设置填充颜色为黄色，笔触为1pst，线条样式为实线。

（3）使用【墨水瓶工具】单击文字笔画的边缘，进行描边，可以看到，文字的边缘增加了黄色轮廓线，如图5-5所示。

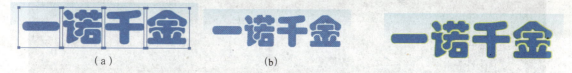

图5-4 分离文字　　　　　　　　　　图5-5 添加描边效果

（4）选中"分离动画文字"图层，选择【编辑】|【复制】命令（快捷键【Ctrl+C】），新建一个图层命名为"轮廓线"，再选择【编辑】|【粘贴到当前位置】命令（快捷键【Ctrl+Shift+V】），使两个图层的文字形状在相同的位置。

（5）关闭"分离动画文字"图层的眼睛，再选择"轮廓线"图层，单击回到舞台的空白处，使用【选择工具】选中文字的蓝色部分，并按【Delete】键删除，只留轮廓线。

（6）新建一个图层，命名为"底图"，并移动到"分离动画文字"图层下面，导入"底图.jpg"到舞台中。

（7）创建"底图"图层第1~100帧的补间动画，选中第100帧，按【F5】键在右击，在弹出的快捷菜单中选择【创建补间动画】命令，再选中舞台中的"底图"，按【↑】键使"底图"垂直向上移动。

（8）将其余的图层添加帧至第100帧处。在100帧处按【F5】键，使所有图层的播放时长转至100帧。

（9）开启"分离动画文字"图层的眼睛，右击，在弹出的快捷菜单中选择【遮罩层】命令，将"分离动画文字"图层设置为遮罩图层，"底图"图层为被遮罩图层，如图5-6所示。

（10）保存文件，按【Ctrl+Enter】组合键进行影片测试。

图5-6 制作遮罩图层效果

案例5-2 文本动画——任意变形文本动画

● 视频
任意变形文本动画

📖 情境导入

闻鸡起舞

　　晋代的祖逖是个胸怀坦荡、具有远大抱负的人。可他小时候却是个不爱读书的淘气孩子。进入青年时代,他意识到自己知识的贫乏,深感不读书无以报效国家,于是就发奋读起书来。他广泛阅读书籍,认真学习历史,从中汲取了丰富的知识,学问大有长进。他曾几次进出京都洛阳,接触过他的人都说,祖逖是个能辅佐帝王治理国家的人才。祖逖24岁的时候,曾有人推荐他去做官,他没有答应,仍然不懈地努力读书。

　　后来,祖逖担任司州主簿期间,结识了同为司州主簿的刘琨。他与刘琨感情深厚,常常同床而卧,而且还有着共同的远大理想:建功立业,复兴晋国,成为国家的栋梁之材。

一次，半夜里祖逖在睡梦中听到公鸡的鸣叫声，他一脚把刘琨踢醒，对他说："别人都认为半夜听见鸡叫不吉利，我偏不这样想，咱们干脆以后听见鸡叫就起床练剑如何？"刘琨欣然同意。于是他们每天鸡叫后就起床练剑，剑光飞舞，剑声铿锵。冬去春来，寒来暑往，从不间断。功夫不负有心人，经过长期的刻苦学习和训练，他们终于成为能文能武的全才，既能写得一手好文章，又能带兵打胜仗。祖逖被封为镇西将军，实现了他报效国家的愿望；刘琨做了都督，兼管并、冀、幽三州的军事，也充分发挥了他的文才武略。

【解释】闻鸡起舞原意为听到鸡啼就起来舞剑，后来比喻有志报国的人即时奋起。

【出处】《晋书·祖逖传》《资治通鉴》。

案例说明

Animate任意变形动画文本：想要改变文字的形状，必须先把文字转换为形状后再进行编辑，具体方法：选择文本，然后按【Ctrl+B】组合键将其分离成矢量图形，分离之后便可以利用【选择工具】或【任意变形工具】对其进行调整。

相关知识

一、文字任意变形

选中文本后连续按两次【Ctrl+B】组合键将其分离为矢量图形，如图5-7（a）所示。使用【选择工具】对其形状进行任意调整，或使用【套索工具】对其进行选取和切割操作，还可使用【橡皮擦工具】进行擦除等操作，也可以为其填充颜色，如图5-7（b）所示。

(a)　　　　　　　　　(b)

图5-7　文字任意变形

二、文本的属性设置

文本的属性包括文字的字体、字号、颜色和风格等，可以通过菜单选项或【属性】面板设置文本属性。使用【文本工具】单击舞台，此时在【属性】面板中可以设置文本类型、文本方向、位置和大小、字符、段落、滤镜等。

文字类型：有静态文本、动态文本和输入文本3种类型。

文字方向：在【属性】面板中可以设置文字方向为水平、垂直、垂直（从左向右）3种方法。

位置和大小：用来设置选中文本的位置坐标值和文本的宽、高。

字符：可以设置系列、大小、颜色、字母间距、消除锯齿等。

段落：可以设置文字的排列方式、行间距和边距等。

滤镜：可以添加文字的投影、模糊、发光、斜角、渐变发光、渐变斜角、调整颜色等效果。

案例实施

（1）运行Animate CC软件，选择【新建】|【ActionScript 3.0】选项，新建一个文件，设置舞台大小为400像素×800像素。

（2）选择【文件】|【导入】|【导入到舞台】命令（快捷键【Ctrl+R】）。

（3）把图层1命名为"背景"并锁住图层。

（4）新建图层2，命名为"图片"，选择【文件】|【导入】|【导入到舞台】命令，把"wjqw.jpg"导入到舞台中，并设置大小和位置，如图5-8所示。

图5-8 导入图片

（5）新建图层3，命名为"标题"，选择【文本工具】，在舞台中单击出现光标后，在【属性】面板设置文字方向为"垂直"，"系列"为方正舒体，"大小"为70，"颜色"为#CC000，回到舞台输入文本"闻鸡起舞"，按【Enter】键。

（6）选中舞台中的"闻鸡起舞"文字，选择【修改】|【分离】命令，再重复一次分离操作，或按两次【Ctrl+B】组合键即可以完成文字分离。

（7）选择【选择工具】对文字形状进行任意调整，或使用【套索工具】对其进行选取和切割操作。

（8）选中"标题"图层，选择【编辑】|【复制】命令（快捷键【Ctrl+C】），在"标题"图层下面新建图层4，命名为"阴影"，再选择【编辑】|【粘贴到当前位置】命令（快捷键【Ctrl+Shift+V】）使两个图层的文字形状处在相同的位置，设置"阴影"图层的文字形状颜色为灰色，并向右移动3像素，向下移动1像素，完成阴影效果。

(9)新建图层5,命名为"标志",选择【文件】|【导入】|【导入到舞台】命令,把"标志.png"导入到舞台中,并设置大小和位置。

(10)新建图层6,命名为"文字内容",选择【文本工具】,在舞台中单击出现光标后,在【属性】面板中设置文字方向为"垂直","系列"为"黑体","大小"为14,"字母间距"为2,"颜色"为黑色,"段落行距"为8;复制素材文档中的第一段文字,回到舞台中粘贴文字,并对文字进行排列,如图5-9所示。

图5-9 垂直文字排版

(11)新建图层7,命名为"底部文字",选择【文本工具】,在舞台下方单击出现光标后,在【属性】面板中设置文字方向为"水平","系列"为"华文彩云","大小"为32,"字母间距"为5,"颜色"为"黄色",输入文本"校园文化成语挂画"。

(12)展开"滤镜"面板,单击【添加滤镜】按钮,选择【投影】选项,设置"模糊"为6像素,"强度"为150,"距离"为2像素。

(13)保存文件,按【Ctrl+Enter】组合键进行影片测试,如图5-10所示。

图5-10　效果图

案例5-3　文本动画——晕光字

情境导入

程门立雪

  北宋时期，福建将东县有个叫杨时的进士，他特别喜好钻研学问，到处寻师访友，曾就学于洛阳著名学者程颢门下。程颢去世前，又将杨时推荐到其弟程颐门下，在洛阳伊川所建的伊川书院中求学。杨时那时已四十多岁，学问也相当高，但他仍谦虚谨慎、不骄不躁、尊师敬友，深得程颐的喜爱，被程颐视为得意门生，得其真传。有一天，杨时同一起学习的游酢向程颐请教学问，却不巧赶上老师正在屋中打盹儿。杨时便劝告游酢不要惊醒老师，于是两人静立门口，等老师醒来。一会儿，天空飘起鹅毛大雪，越下越急，杨时和游酢却还站立在雪中，游酢实在冻得受不了，几次想叫醒程颐，都被杨时阻拦住了。直到程颐一觉醒来，才赫然发现门外的两个雪人。程颐深受感动，更加尽心尽力教授杨时，杨时不负众望，终于学到了老师的全部学问。

  【解释】程门立雪，旧指学生恭敬受教，现指尊敬师长。比喻求学心切和对有学问长者的尊敬。

【出处】程门立雪，语本《宋史·杨时传》："一日见颐，颐偶瞑坐，时与游酢侍立不去。颐既觉，则门外雪深一尺矣。"

案例说明

Animate制作晕光字：必须先将文字转换为矢量图形后再进行编辑。选择文本，按【Ctrl+B】组合键将其分离，分离成为填充为止，之后利用"柔化填充边缘"制作晕光字。

相关知识

晕光字

先将文字打散，选择【修改】|【形状】|【柔化填充边缘】命令，设置参数后可以将分离的文字添加晕光效果，如图5-11（a）所示。也可以将分离的部分进行删除，只留晕光部分，如图5-11（b）所示。

(a)　　　　　　　(b)

图5-11　晕光字

案例实施

一、导入背景图片

（1）运行Animate CC软件，选择【新建】|【ActionScript 3.0】选项，新建一个文件，设置舞台大小为1 024像素（宽度）×492像素（高度）。

（2）选择【文件】|【导入】|【导入到舞台】命令（快捷键【Ctrl+R】），把背景图导入舞台中，在【属性】面板中，将【位置和大小】设置成"X：0，Y：0"，把图层命名为"背景"，并锁住图层。

二、创建文字动画元件

（1）选择【插入】|【新建元件】命令（快捷键【Ctrl+F8】）。

（2）在【创建新元件】对话框中，输入名称：晕光字，【类型】选择"影片剪辑"，单击【确定】按钮，完成元件的创建。

（3）选择【文本工具】，在【属性】面板中设置文字方向为垂直，"系列"为"华文隶书"，字体"大小"为"60"，"颜色"为"#000066"，在舞台中心输入文本"程门立雪"，按【Enter】键。

（4）回到"场景1"，新建图层2，命名为"晕光字"，从"库"面板中拉出"晕光字"元件到卷轴画的右边，如图5-12所示。

三、制作晕光字

（1）选中舞台中的"程门立雪"文字，选择【修改】|【分离】命令，再重复一次分离操作或按两次【Ctrl+B】组合键，可将它们分离成矢量图形。

(2) 在选中离散文字的前提下，选择选择【修改】|【形状】|【柔化填充边缘】命令，设置距离为15像素，步长数为15，方向为扩展，单击【确定】按钮。

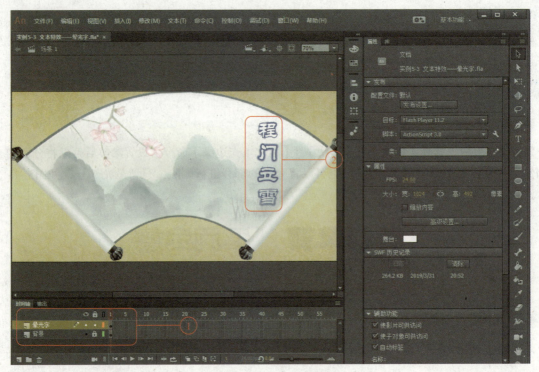

图5-12 移动文字到舞台

(3) 选择【选择工具】，单击舞台的空白处，在边缘柔化了的文字图像中，使用【选择工具】将内部填充色（带有小白点的部分）删除即可，如图5-13所示。

四、添加图片及文字

(1) 新建图层3，命名为"图片"，从素材文件夹中导入"图片.jpg"到舞台中，并设置大小和位置，如图5-14所示。

图5-13 "晕光字"效果

图5-14 插入图片

(2) 新建图层4，命名为"文字"，选择【文字工具】，在【属性】面板中设置文字方向为垂直，"系列"为"宋体"，"大小"为14，"字母间距"为2，"颜色"为黑色，"消除锯齿"为"位置文本[无消除锯齿]"，"段落行间距"为10，如图5-15所示。

（3）复制素材文档中的文字，回到舞台中单击后，出现光标时粘贴文字，并对文字进行排版，如图5-16所示。

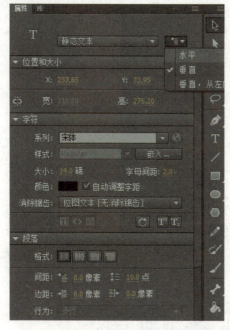

图5-15　设置文字属性

图5-16　文字排版效果

（4）保存文件，按下【Ctrl+Enter】组合键进行影片测试。

案例 5-4　文本特效——立体文字

立体字

📖 情境导入

凿壁偷光

西汉时期，有个穷人家的孩子叫匡衡。他小时候很想读书，可是因为家里穷，没钱上学。后来，他跟一个亲戚学认字，才有了看书的能力。

匡衡买不起书，只好借书来读。那个时候，书是非常贵重的，有书的人不肯轻易借给别人。匡衡就在农忙时节，给有钱的人家打短工，不要工钱，只求人家借书给他看。

过了几年，匡衡长大了，成了家里的主要劳动力。他一天到晚在地里干活，只有中午歇晌的时候，才有工夫看一点书，所以一卷书常常要十天半月才能读完。匡衡很着急，心里想：白天种庄稼，没有时间看书，我可以多利用一些晚上的时间来看书。可是匡衡家里很穷，买不起点灯的油，怎么办呢？

有一天晚上，匡衡躺在床上背诵白天读过的书。背着背着，突然看到东边的墙壁上透过来一线亮光。

他霍地站起来，走到墙壁边一看，啊！原来从壁缝里透过来的是邻居家的灯光。于是，匡衡想了一个办法：他拿了一把小刀，把墙缝挖大了一些。这样，透过来的光亮也大了，他就凑着透进来的灯光，读起书来。

匡衡就是这样刻苦地学习，后来成了一个很有学问的人。

【解释】凿壁偷光，原指西汉匡衡凿穿墙壁引邻舍之烛光读书，后用来形容家贫而读书刻苦。

【出处】《西京杂记》。

案例说明

Animate立体文字：利用空心字复制移动后形成叠影，将叠加的线条删除，填充渐变色，将文字形状的各对角相连。

相关知识

立体文字

选择文本，按【Ctrl+B】组合键将其打散，打散成为填充为止，打散之后便可以利用【墨水瓶工具】进行描边，删除文字形状的里面部分形成空心字，再使用空心字复制移动后形成叠影，如图5-17（a）所示。使用【选择工具】对叠加的线条进行删除，如图5-17（b）所示。也可以为其填充渐变色，再使用【选择工具】对文字形状的各对角相连。

图5-17　立体文字

案例实施

（1）运行Animate CC软件，选择【新建】|【ActionScript 3.0】选项，新建一个文件。

（2）将图层1命名为"标题"图层，选择"文本工具"，在【属性】面板中设置"系列"为"黑体"，"大小"为75，"字母间距"为20，"颜色"为红色，在舞台中输入文本"凿壁偷光"，如图5-18所示。

（3）选中舞台中的"凿壁偷光"文字，选择【修改】|【分离】命令，再重复一次分离操作将文字打散，或按两次【Ctrl+B】组合键，如图5-19所示。

图5-18　输入文字 　　　　　　　　　图5-19　分离文字

（4）选择【墨水瓶工具】，在【属性】面板中设置填充颜色为蓝色，"笔触"为1，"线条样式"为"实线"，回到舞台中对文字形状进行描边，如图5-20所示。

（5）制作空心字。使用【选择工具】选中文字形状的红色部分，并按【Delete】键删除，只留轮廓线，形成空心字，如图5-21所示。

图5-20　描边效果 　　　　　　　　　图5-21　制作空心字

（6）框选所有空心字，选择【编辑】|【复制】命令（快捷键【Ctrl+C】），再选择【编辑】|【粘贴到当前位置】命令（快捷键【Ctrl+Shift+V】），将空心字复制并粘贴到相同位置。

（7）将复制的空心字修改颜色为黑色，往右平移5像素并向上平移5像素，初步造成叠影，如图5-22所示。

（8）把蓝色空心字里面的黑色线条删除，如图5-23所示。

图5-22　移动黑色空心字 　　　　　　图5-23　删除蓝色空心字里面的线条

（9）展开【颜色】面板，设置颜色类型为"线性渐变"，调整渐变色。
（10）选择【颜料桶工具】，对空心字进行填充，包括外边的黑色线条包围部分，如图5-24所示。
（11）使用【选择工具】将蓝色线条和黑色线条删除，如图5-25所示。

图5-24　填充颜色 　　　　　　　　　图5-25　删除轮廓线条

（12）将文字的各对角相连，形成立体效果，如图5-26所示。
（13）选择【颜料桶工具】调整渐变色，如图5-27所示。

图5-26　将文字的各对角相连 　　　　图5-27　调整渐变色

（14）使用框边的方式单独选取每个立体字，并转换成元件。
（15）隐藏【标题】图层，新建图层2，命名为"背景"，选择【文件】|【导入】|【导入到舞台】命令（快捷键【Ctrl+R】），导入"背景42.jpg"并锁住图层。
（16）新建图层3，命名为"背景2"，选择【矩形工具】，在【属性】面板中设置填充颜色为"灰色"，笔触为蓝色，在舞台中绘制矩形，如图5-28所示。

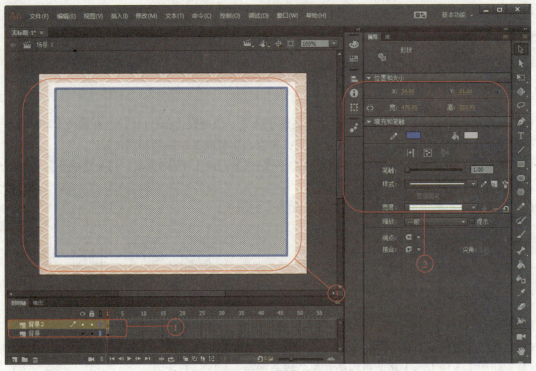

图5-28 绘制背景2

(17)选择【线条工具】，在"背景2"图层上绘画，如图5-29所示。

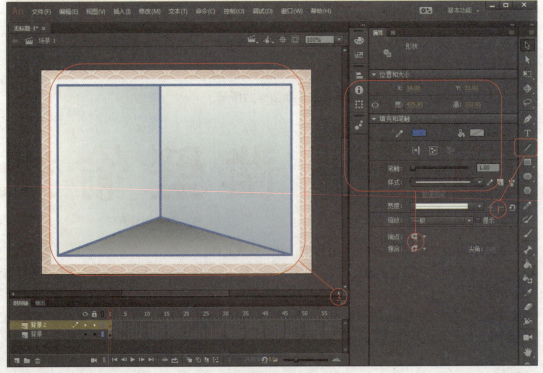

图5-29 绘制线条

- 118 -

(18)展开【颜色】面板,设置颜色类型为"线性渐变",调整渐变色,选择【颜料桶工具】,对"背景2"进行填充,并删除线,如图5-30所示。

(19)新建图层4,命名为"光孔",绘制光孔效果,如图5-31所示。

图5-30 渐变效果

图5-31 绘制"光孔"

(20)新建图层5,命名为"光线",绘制光线效果,并转换为元件,如图5-32所示。

(21)新建图层6,命名为"人物",导入"人物.png"图像,调整人物和光线的位置和大小,如图5-33所示。

图5-32 绘制"光线"

图5-33 导入人物

(22)新建图层7,命名为"边框",导入"边框.png"图片,调整位置和大小。

(23)显示"标题"图层,调整位置和大小,展开【滤镜】面板,添加"投影"效果,设置"强度"为30,"角度"为0,如图5-34所示。

(24)保存文件,按【Ctrl+Enter】组合键进行影片测试。

图5-34 添加"投影"效果

彩虹字

案例 5-5　文本特效——彩虹字

情境导入

铁杵成针

　　唐朝著名大诗人李白小时候不喜欢念书，常常逃学，到街上去闲逛。一天，李白又没有去上学，在街上东溜溜、西看看，不知不觉到了城外。暖和的阳光、欢快的小鸟、随风摇摆的花草使李白感叹不已："这么好的天气，如果整天在屋里读书多没意思？"走着走着，在一个破茅屋门口，坐着一个满头白发的老婆婆，正在磨一根棍子般粗的铁杵。李白走过去，问道："老婆婆，您在做什么？""我要把这根铁杵磨成一根绣花针。"老婆婆抬起头，对李白笑了笑，接着又低下头继续磨着。"绣花针？"李白又问："是缝衣服用的绣花针吗？""当然！""可是，铁杵这么粗，什么时候能磨成细细的绣花针呢？"老婆婆反问李白："滴水可以穿石，愚公可以移山，铁杵为什么不能磨成绣花针呢？""可是，您的年纪这么大了！""只要我下的功夫比别人深，没有做不到的事情。"老婆婆的一番话令李白很惭愧，于是回去之后，再没有逃过学。每天的学习也特别用功，终于成了名垂千古的诗仙。

　　【解释】铁杵成针，意指即便有天赋的人去学习、去做事，也是难以一帆风顺的。但只要有毅力，肯下苦功，保持平和的心态坚持学下去、做下去，最后一定能成功。比喻只要有毅力，肯下苦功，事情就能成功。反义词是半途而废。

【出处】铁杵成针，语本明·郑之珍《目连救母·四·刘氏斋尼》中"好似铁杵磨针，心坚杵有成针日。"

案例说明

Animate彩虹字文本：想要改变文字形状的颜色，必须先把文字转换为矢量图形后再进行编辑，具体操作方法：选择文本，按【Ctrl+B】组合键将其分离成矢量图形，再填充颜色。

相关知识

一、彩虹字

（1）选择文本，按【Ctrl+B】组合键将其分离，分离成为填充为止，单击【填充颜色】按钮■，展开【样式】面板，如图5-35（a）所示。选择"七彩色"块，之后文字形状的填充颜色如图5-35（b）所示；如果想要文字开关的填充颜色在同一块七彩颜色上，可以拖动【颜料桶工具】进行填充，如图5-35（c）所示。

图5-35 填充"彩色字"

（2）如果想要其他多彩填充颜色，可以通过【颜色】面板进行设置，选择颜色类型为【线性渐变】或【径向渐变】，再对"彩色条"选取颜色。如图5-36（a）所示。还可以通过【位图填充】进行填充，选择颜色类型为【位图填充】后，单击【导入】按钮，选择相应的图片，如图5-36（b）所示。

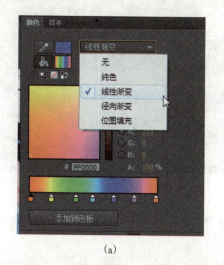

图5-36 设置"颜色类型"

二、双色（多色）字

使用框选方式选取文字形状的某一部分，选择【颜料桶工具】进行填充，如图5-37所示。

图5-37 双色（多色）字

案例实施

（1）运行Animate CC软件，选择【新建】|【ActionScript 3.0】选项，新建一个文件，在【属性】面板中将舞台大小设置为550像素×400像素。

（2）选择【文件】|【导入】|【导入到舞台】命令（快捷键【Ctrl+R】），导入"背景图.jpg"，设置X坐标和Y坐标为0。

（3）把图层1命名为"背景"，并且锁住图层。

（4）新建图层2，命名为"标题"，选择【文本工具】，在舞台中单击出现光标后，在【属性】面板设置文字方向为"垂直"，"系列"为"华文琥珀"，"大小"为55，"颜色"为"#000FF"，回到舞台输入文本"铁杆成针"，按【Enter】键，如图5-38所示。

图5-38 输入标题文字

（5）选中舞台中的"铁杆成针"文字，选择【修改】|【分离】命令，再重复一次分离操作，或按两次【Ctrl+B】组合键即可以完成文字分离。

（6）选中文字形状，选择【颜料桶工具】，设置颜色为七彩色，如图5-39所示。

第5章 文本动画制作

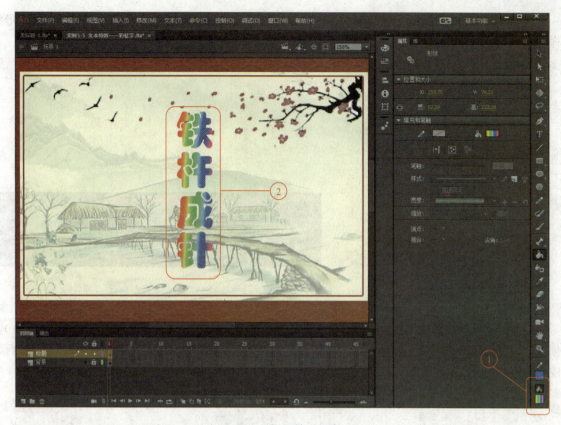

图5-39 设置填充颜色

（7）回到舞台工作区，选择【颜料桶工具】，在文字形状的左上角单击，拖动【颜料桶工具】出现一条线时拉到文字形状的右下角，如图5-40所示。

（8）填充效果如图5-41所示。

图5-40 制作彩色填充方法

图5-41 彩色填充效果

（9）在舞台的空白处单击后，选择【墨水瓶工具】在【属性】面板设置填充颜色为白色，"笔触大小"为3。

（10）回到舞台中，对文字形状进行描边，如图5-42所示。

- 123 -

（11）制作标题文字逐帧动画效果。每隔5帧插入关键帧，直到第20帧处，使每个关键帧的文字形状一样。

（12）把第1~4关键帧设置为空白帧，如图5-43所示。

图5-42 描边效果

图5-43 设置空白帧

（13）在第5帧的位置使用框边的方式把后面的三个文字形状删除，如图5-44（a）所示，在第10帧的位置把后面的两个文字形状删除，如图5-44（b）所示，在第15帧的位置把后面的一个文字形状删除。完成文字逐帧动画效果，如图5-44（c）所示。

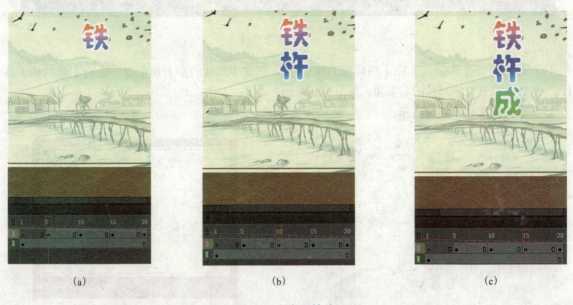

(a)   (b)   (c)

图5-44 文字逐帧动画

（14）新建图层3，命名为"图片"，在第20帧处插入关键帧，导入"图片.png"，锁定比例按钮，并设置位置和大小，如图5-45所示。

（15）选中"图片"并右击，在弹出的快捷菜单中选择【转换为元件】命令，在弹出的对话框中设置元件的名称为"图片元件"，类型为"影片剪辑"，单击【确定】按钮。

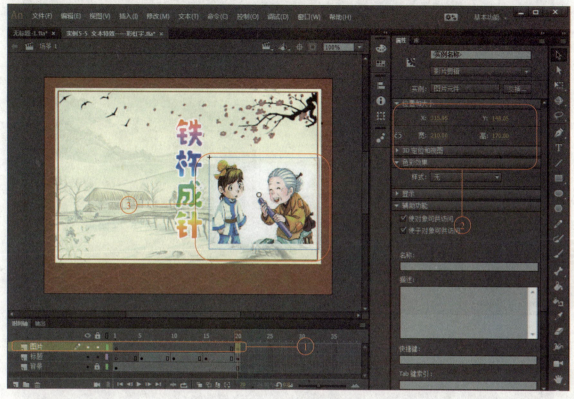

图5-45 插入图片

（16）在第30帧处右击，在弹出的快捷菜单中选择【创建补间动画】命令，再次右击，在弹出的快捷菜单中选择【插入关键帧】命令。

（17）回到第20帧处，缩小图片大小，制作图片从小放大的效果，如图5-46所示。

（18）新建图层4，命名为"边框"，在第40帧处插入关键帧，在标题的左边绘制边框，如图5-47所示。

（19）新建图层5，命名为"解读"，在第40帧处插入关键帧，在边框上输入文字。

（20）新建图层6，命名为"圆"，在第50帧处插入关键帧，在底部绘制8，每个圆的大小为35像素×35像素，颜色为"黄色"。

（21）新建图层7，命名为"底部文字"，在第50帧处插入关键帧，在【属性】面板中设置"系列"为"华文新魏"，"大小"为"25"，"颜色"为"#FF0000"，"字母间距"为"20"，在"圆"上面输入文字"中华传统 校园文化"，如图5-48所示。

（22）将所有图层播放时长设置为60帧，在所有图层的第60帧处按【F5】键。

（23）保存文件，按【Ctrl+Enter】组合键进行影片测试。

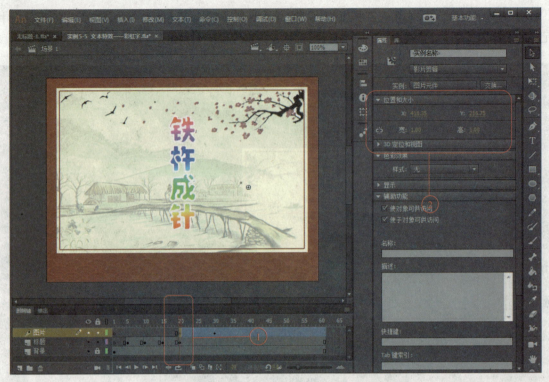

图5-46 图片缩放

图5-47 绘制边框

第5章 文本动画制作

图5-48 输入底部文字

小　　结

本章主要介绍了文本动画和文本特效的使用。在本章的学习中还应注意以下几点：

（1）在对图形执行【扩展填充】命令时，最好不要将距离值设置得过大，否则会使图形走样，可以每次扩展一点，多执行几次扩展操作。

（2）用户可使用直接输入或者创建文本框两种方式输入文本，选择【文本工具】或输入文本后，都可以利用【属性】面板设置文本的字体、字号和颜色等属性。

（3）对于输入的文本，除了可以使用【任意变形工具】对其进行变形操作外，还可以为其添加滤镜，从而美化文本。此外，还可以将文本分离成矢量图形，然后再使用【选择工具】任意调整其形状。

（4）学习文本工具的使用时，既要学习基本制作方法，还要善于举一反三，从而制作出更多、更精彩的动画。

练习与思考

一、填空题

1. 在Animate CC中支持两种类型的文本引擎，分别为_____和_____。
2. 使用滤镜，可以为场景中的对象增添有趣的视觉效果，滤镜效果只适用于_____、_____、_____。
3. 使用_____，可以在发光表面产生带渐变颜色的发光效果。

二、选择题（1~3单选，4多选）

1. Animate所提供的消除锯齿的方法不包括（　　）。
   A. 使用设备字体　　　B. 锐利化消除锯齿　　　C. 动画消除锯齿　　　D. 可读性消除锯齿
2. 下面（　　）对象不能添加滤镜效果。
   A. 文本　　　　　　　B. 按钮　　　　　　　C. 位图　　　　　　　D. 影片剪辑
3. 要为文本分别添加一个链接（http://www.myadobe.com.cn）和一个E-Mail链接（xuexin@126.com），在"URL链接"文本框中应书写为（　　）。

   A. 链接http://www.myadobe.com.cn，E-Mail链接xuexin@126.com

   B. 链接www.myadobe.com.cn，E-Mail链接mailto:xuexin@126.com

   C. 链接http://www.myadobe.com.cn，E-Mail链接mailto:xuexin@126.com

   D. 链接http://www.myadobe.com.cn，E-Mail链接emailto:xuexin@126.com
4. 动态文本和输入文本所支持的行为中共有的是（　　）。
   A. 单行　　　　　　　B. 多行　　　　　　　C. 多行不换行　　　　D. 密码

动画中元件的应用

  Animate 动画中主要因素包括形状、元件、实例、声音、位图、视频、组合等，其中元件是最基本的元素。Animate中很多时候需要重复使用素材，这时就可以把素材转换成元件，或者新建元件，以便重复使用或再次编辑修改。也可以把元件理解为原始的素材，通常将其存放在元件库中。元件必须在Animate 中才能创建或转换生成，它有3种形式：影片剪辑、图形、按钮。元件只需创建一次，即可在整个文档或其他文档中重复使用。

  本章将学习Animate软件中元件的类型、创建图形元件、创建影片剪辑元件，利用影片剪辑元件合成复杂动画，创建按钮元件，制作动态、有声音的按钮。

 学习目标

- 认识 Animate 软件中元件的类型。
- 创建图形元件。
- 创建影片剪辑元件，会利用影片剪辑元件合成复杂动画。
- 创建按钮元件，制作动态、有声音的按钮。
- 在学习过程中领略民族之美，感受民族文化的魅力，增强学生的文化自信。同时，通过学习各类元件的制作方法，了解不同元件的特点，在此过程中培养学生的综合运用知识分析、处理问题的能力。

案例 6-1　创建图形元件——广西花山岩画

视频
创建图形元件——广西花山岩画

📷 情境导入

花山岩画，地处广西崇左市左江流域，与其依存的山体、河流、台地共同构成壮丽的左江花山岩画文化景观。岩画绘制年代可追溯到战国至东汉时期，已有2 000多年历史。花山岩画因其景观展现了中国南方壮族先民骆越人生动而丰富的社会生活而具有独特的文化意义。2016年7月15日，在土耳其伊斯坦布尔举行的联合国教科文组织世界遗产委员会第40届会议上，中国世界文化遗产提名项目"左江花山岩画文化景观"与湖北神农架一起入选《世界遗产名录》，成为中国第49处和第50处世界遗产。花山岩画申遗成功，填补了中国岩画类世界遗产项目的空白。

📖 案例说明

图形元件是动画元件中的一种，是可以重复使用的静态图形。它是作为一个基本图形来使用的，一般是静止的一幅画，每个图形元件一般只占一帧。本案例是使用图形元件制作一幅人物载歌载舞的岩画。

📅 相关知识

元件只需创建一次，然后即可在整个文档或其他文档中重复使用。元件通常存放在"库"中。
制作元件的方法通常有两种：
（1）菜单法，选择【插入】|【新建元件】命令，设定元件类型和名称后，即可进入元件的编辑状态，如图6-1所示。
（2）选中要转换为元件的素材，右击，在弹出的快捷菜单中选择【转换为元件】命令也可以生成元件，如图6-2所示。

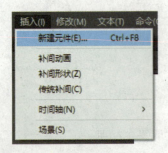
图6-1　使用菜单新建元件

图6-2　转换为元件

案例实施

（1）运行Animate软件，选择【文件】|【打开】命令，打开文件"广西花山岩画 素材"。

（2）选中舞台中的"岩画.png"图片，选择【修改】|【分离】命令，将图片转换为可编辑图形，如图6-3所示。

图6-3　分离后图片

（3）选择【套索工具】圈出其中一个人物，在圈出的人物上右击，在弹出的快捷菜单中选择【转换为元件】命令，类型为"图形"，建立一个名为"人物1"的图形元件，如图6-4所示。

图6-4　制作"人物1"元件

（4）重复步骤3，制作更多的"人物"元件。打开【库】面板，可以看到新生成的元件列表，用鼠标按住元件拖动到舞台，形成新的花山岩画，如图6-5所示。

（5）在【属性】面板【色彩效果】栏中，改变元件的颜色和透明度，可以制作更多岩画效果，如图6-6所示。

（6）以文件名"案例6-1 广西花山岩画.fla"保存文件。

（7）按【Ctrl+Enter】组合键测试影片效果。

图6-5　效果图1

图6-6　效果图2

案例6-2　制作影片剪辑元件——唱山歌

视频
影片剪辑元件——唱山歌

情境导入

壮族素以善歌著称，壮乡素有"歌海"盛誉。壮族山歌简称为"壮歌"，又称"壮族民歌"，一般指壮族人民用壮语演唱的民间歌谣。壮族人人爱唱歌，传说古壮族人是以山歌来跟先祖布洛陀对话的，可以毫不夸张地说：凡有壮族人聚居的地方就有山歌，田间地头、晚间劳作之余以及红白喜事上，总能听到悠扬的山歌，各种大小节日，更是少不了山歌助兴。不同地方壮族原生态山歌曲调还不一样，如一个区不同县份就有不同山歌曲调，有高昂的嘹歌，有婉转动听的那坡山歌、马山的三声部山歌、大新的高腔山歌等，多以对唱为主。不仅平时唱，家里唱，而且还有定期举行的唱山歌会，称为"歌圩"或"歌节"。每逢歌圩集会，壮族人民都在山野进行商品贸易和对歌。男女青年初次见面，就以对歌比赛，在歌唱中互相结识、选择对象、建立爱情。

案例说明

本案例使用影片剪辑元件制作多个飘动的音符。

相关知识

影片剪辑元件可以理解为电影中的小电影，可以完全独立于场景时间轴，并且可以重复播放。影片剪辑是一小段动画，用在需要有动作的物体上，它在主场景的时间轴上只占一帧，就可以包含所需要的动画，影片剪辑就是动画中的动画。

案例实施

（1）运行Animate软件，选择【文件】|【打开】命令，打开文件"唱山歌 素材"。

（2）选择【插入】|【新建元件】命令，选择类型"影片剪辑"，建立一个名为"音符"的图形元件，将"音符"图片拖动放入元件中，如图6-7所示。

（3）选择【插入】|【新建元件】命令，选择类型"影片剪辑"，建立一个名为"飘动的音符"影片剪辑元件，在元件中，使用补间动画制作音符飘动的运动路径，实现音符飘动的动画，如图6-8所示。

图6-7 "音符"图形元件画面　　　　　　图6-8 "飘动的音符"影片剪辑元件中的效果

（4）回到舞台，新建1个图层，命名为"音符"，打开库面板，把"飘动的音符"影片剪辑元件拖到舞台的"音符"图层，调整影片剪辑元件的位置，开始帧和结束帧的位置如图6-9所示。

（5）音符图层无须把帧延长，效果如图6-10所示。

（6）以"案例6-2 唱山歌.fla"为文件名保存文件。

（7）按【Ctrl+Enter】组合键测试影片效果。

图6-9 "飘动的音符"开始帧和结束帧的位置

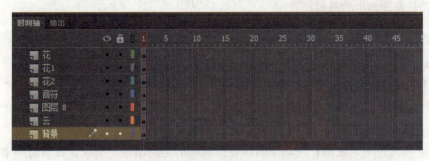

图6-10 动画时间轴最终效果

案例6-3 创建按钮元件——铜鼓声声响

📖 情境导入

铜鼓是中国西南民族重要的文化图腾。铜鼓原来是一种打击乐器,之后发展为权力和财富的象征。

世界上最大的铜鼓直径4.2 m、高2.6 m、重7 t,是由广西非物质文化遗产"壮族铜鼓铸造技艺"代表性传承人韦启初、韦启参兄弟设计。

敲击铜鼓伴随歌舞,常常与祈年禳灾等宗教祭祀活动密切相关。

📖 案例说明

按钮可以是静态的也可以是动态的,也可以为按钮添加声音。本案例制作带有铜鼓声响和敲鼓动作的动态按钮。

📖 相关知识

按钮元件是用于具有交互功能的动画,当鼠标指针在按钮上滑过、单击、移开时按钮会产生不同的响应,并转到相应的帧。

案例实施

一、制作简单按钮

（1）运行Animate软件，选择【文件】|【打开】命令，打开"铜鼓声声响 素材"文件，选择【插入】|【新建元件】命令，在【名称】栏中输入"铜鼓"，选择【类型】为"按钮"，如图6-11所示。

图6-11 创建"铜鼓"按钮元件

（2）单击"确定"按钮，进入按钮的编辑状态。按钮共有四种状态，如图6-12所示，分别是"弹起""指针经过""按下""点击"。"弹起"是当鼠标指针没有接触按钮时的状态；"指针"经过是当鼠标指针接触按钮时所呈现的状态；"按下"是当使用鼠标单击按钮时所呈现的状态；"点击"是给按钮设置一个反应区域或者给它框定一个范围，当鼠标指针放在这个范围内的任何地方按钮都会做出反应。

图6-12 按钮元件的四种状态

（3）单击时间轴上的第1帧（"弹起"帧），将【库】中的"铜鼓2"文件拖动到舞台，如图6-13所示。

（4）在第2帧（指针帧）插入帧，保持第1帧和第2帧中铜鼓的状态一致，如图6-14所示。

图6-13 编辑"弹起"帧

图6-14 编辑"指针"帧

（5）在第3帧（"按下"帧）插入关键帧，使用【任意变形工具】将"铜鼓"的尺寸放大一些，如图6-15所示。

（6）在第4帧（"点击"帧）再插入关键帧，用椭圆工具绘制一个圆形作为反应区域，用该圆形将"铜鼓"覆盖，如图6-16所示。

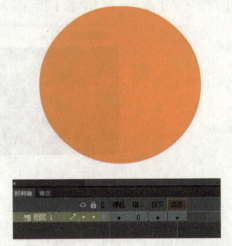

图6-15 编辑"按下"帧　　　　　　　　图6-16 编辑"点击"帧

二、给按钮添加动态效果和声音。

（1）新建"图层2"，将【库】中的"敲鼓"元件拖动到"图层2"的第1帧（"弹起"帧），如图6-17所示。

（2）在"图层2"的第3帧（"按下"帧）插入关键帧，保持第1帧和第3帧中"敲鼓"元件的位置一致，如图6-18所示。

图6-17 编辑"图层2"的"弹起"帧　　　　图6-18 编辑"图层2"的"按下"帧

(3) 继续编辑第一帧，按【Ctrl+B】组合键打散"敲鼓"元件，使其变为静态图形，如图6-19所示。

图6-19 继续编辑"弹起"帧

(4) 新建"图层3"，在第3帧（"按下"帧）插入空白关键帧，如图6-20所示。
(5) 将【属性】面板中将"声音"的名称选为"铜鼓声.wav"，为按钮添加声音，如图6-21所示。
(6) 回到舞台，把"铜鼓"按钮拖到舞台。
(7) 以"案例6-4铜鼓声声响.fla"为文件名保存文件。
(8) 按【Ctrl+Enter】组合键测试影片效果。

图6-20 编辑图层3

图6-21 为按钮添加铜鼓声

小　　结

本章主要介绍了图形元件、影片剪辑、按钮元件的特点与创建方法，以及如何使用"库"面板对元件进行管理。在本章的学习中还应注意以下几点：

（1）可以将舞台上的对象转换为元件，也可以直接新建元件，然后编辑元件内容。元件实例是元件在舞台上的应用，编辑元件将影响与其链接的所有元件案例，而编辑元件实例将只影响元件案例本身。

（2）图形元件中的时间轴附属于主时间轴，并与主时间轴同步，因此，当带有动画片段的图形元件案例放在主场景的舞台上时，必须在主时间轴上插入与动画片段等长的普通帧，才能完整播放动画；而影片剪辑中的时间轴是独立的，即使主时间轴只有1帧，也可以完整播放其中的内容。

（3）按钮元件的时间轴与影片剪辑一样，是相对独立的，但只有前4帧有作用，包括"弹起"帧、"指针经过"帧、"按下"帧和"点击"帧，其中前3个帧用来设置不同的鼠标事件下按钮的外观，最后一个帧用来设置该按钮的响应区域。

（4）在Animate软件中创建的元件，以及从外部导入的图像、视频和音频等都存放在【库】面板中，用户可利用【库】面板对这些素材进行复制、重命名、删除和排序等操作，还可以通过创建元件文件夹来分类存放这些素材。

练习与思考

一、填空题

1. Animate软件中的元件有3种基本类型：_____、_____和_____。
2. 有时需要将一个元件的案例替换为当前文档库中的另外一个元件的案例，这时，不必重新建立整个动画，只需使用_____功能即可。
3. 在Animate软件中，用户可以使用_____对元件进行管理和编辑。

二、选择题（1-3单选，4多选）

1. 已打开了两个Animate工程，将A库中的元件复制到B库中，正确的操作方法是（　　）。
   A. 按两次【Ctrl+L】组合键同时打开两个库，从A库中拖动对象到B库中
   B. 按下【Ctrl+L】组合键打开A库面板，单击【新建库】按钮，从A库中拖动对象到B库中
   C. 按下【Ctrl+L】组合键打开A库面板，单击【新建库】按钮，在新库的多库切换列表中选择另一文档名打开它的库，从A库中拖动对象到B库中
   D. 按下【Ctrl+L】组合键打开A库面板，在多库切换列表中选择另一文档名打开它的库，从A库中拖动对象到B库中

2. 要替换元件A为元件B的图案，又需保留元件A原始属性，用到的操作是（　　）。
   A、修改元件行为　　　　　　　　B、交换元件
   C、删除并从库中拖入新对象　　　D、转换元件

3. 下列（　　）不是Animate软件自带的公用库。

   A. 按钮　　　　　B. 类　　　　　C. 学习交互　　　　　D. 声音

4. 关于元件和案例的类型，以下说法中错误的是（　　）。

   A. 可以改变元件的类型，但不能改变案例的类型

   B. 可以改变案例的类型，但不能改变元件的类型

   C. 元件类型改变后，所有由其生成的案例类型随之改变

   D. 元件和案例的类型都可以改变

骨骼动画制作

　　骨骼动画是计算机动画中的一种技术，该技术将角色分为两个部分：用于绘制角色的表面表示（称为网格或蒙皮）和一组互连的部分骨骼，它们共同形成骨骼或装备。这是一种用于对网格进行动画处理（姿势和关键帧）的虚拟骨架。尽管此技术通常用于给人类和其他有机人物制作动画，但它只能使动画过程更直观，并且可以使用相同的技术来控制任何物体的变形。当动画对象比例（如人形角色）更笼统时，"骨骼"集可能不是分层的或相互关联的，而只是表示对其影响的网格部分运动的更高层次的描述。

　　骨骼动画的特点是，需要做动画的物体对象本身不记录位移、旋转、缩放、变形信息，而是通过第三方的"骨骼"物体记录动画信息，然后物体对象本身只记录受到骨骼物体影响的权重。在播放时，通过骨骼物体的关键帧和物体对象记录的权重让动画重现。

　　本章将学习Animate软件中骨骼动画的概念与原理、骨骼的添加与编辑，学习鹭鸟舞动动画制作。

 学习目标

- 认识 Animate 软件中骨骼动画的概念与原理。
- 掌握骨骼的添加与编辑。
- 掌握骨骼动画制作。
- 在学习过程中了解壮族图腾文化，发挥想象力，在原有传统鹭鸟的造型、颜色及姿势的基础上进行二次创作，培养了学生的创新能力，并提高想象力，增强了学生的文化自信。

案例　骨骼动画制作——鹭鸟舞动

情境导入

壮族百鸟衣的故事

传说很久以前，壮族青年古卡在山上打柴时救下一只受伤的黄鸟，黄鸟感其恩德化身成多情、聪慧的少女，与之结为夫妻，男耕女织建立了美好的家园。恶霸土司垂涎古卡妻子的美貌，强抢为妾。古卡受妻子所嘱，历尽千辛万苦，采集百鸟羽毛，利用百鸟的灵气，杀死土司，救出妻子，奔向远方，过上了幸福的生活。

案例说明

以上故事是壮族先民崇鸟习俗的反映，本案例将为已经制作好的鹭鸟元件添加骨骼，为后期做鹭鸟动起来的动画做铺垫。

相关知识

一、打散元件

使用【Ctrl+B】组合键对元件等进行分离操作。

二、骨骼动画的概念与原理

反向运动（Inverse Kinematics，IK）是一种使用骨骼对对象进行动画处理的方式，这些骨骼按父子关系链接成线性或枝状的骨架。当一个骨骼移动时，与其连接的骨骼也发生相应的移动。

使用反向运动可以方便地创建自然运动。若要使用反向运动进行动画处理，只需在时间轴上指定骨骼的开始和结束位置。Animate会自动在起始帧和结束帧之间对骨架中骨骼的位置进行内插处理。

三、骨骼的添加与编辑

单击【骨骼工具】（快捷键为【M】）。出现这个标志后，在需要添加骨骼的对象上（形状或者元件）按住鼠标左键不放，并拖动鼠标，可以为对象添加第一根骨骼，从所绘制骨骼的尾部继续拖动鼠标到另一个对象，可创建第二根骨骼，当前骨骼会成为上一根骨骼的子级。

在Animate中可为以下两种对象添加骨骼动画：

1. 形状（散件）

用形状（散件）作为多根骨骼的容器，但是该形状必须是比较简单的形状，如做扁平化动画。

2. 元件

通过骨骼将多个元件连接起来，适用于精细动画的制作。

在本案例中，由于图形较为复杂，使用元件的方式来添加骨骼动画。

四、骨骼动画的制作

给对象添加完骨骼后，在时间轴上就会出现一个"骨架"图层。对骨骼添加动画不同于Animate中其他动画的制作。只需要在"骨架"图层上添加帧，并在舞台上调整骨架各个部分便可以创建关键帧。

该关键帧也称为姿势，显示为一个小菱形，姿势和姿势之间会形成补间动画。但是在该图层中只能对骨骼的位置及角度进行补间，其他如色彩、缩放等效果无法形成补间动画。

案例实施

一、创建骨骼

（1）按【Ctrl+L】组合键，打开"库"，将"鹭鸟整体"图形元件拖入场景中，如图7-1所示。

（2）按【Ctrl+B】组合键打散该元件，选中所包含的元件，使用【任意变形工具】 （快捷键为【Q】）调整每个元件的中心点。调整中心点主要是为了确定每个部位的节点，为后续插入骨骼做好准备，如图7-2所示。

图7-1　将"鹭鸟整体"元件放入场景

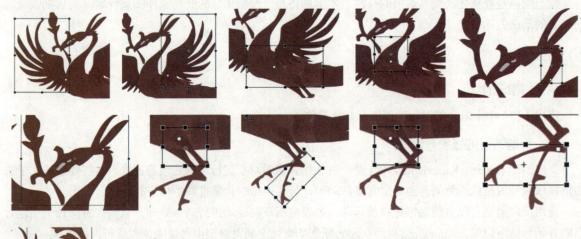

图7-2　各个部分的中心点位置调整

（3）单击【骨骼工具】 ，在鹭鸟的"身体"元件和"脖颈"元件之间绘制第一根骨骼，两个元件之间的连接点刚好为之前调整好的元件的中心点。后续使用相同的方法绘制出元件之间的骨骼，如图7-3所示。

在绘制骨骼过程中，会自动识别元件，如果出现元件位置排序变化的问题，可以使用【选择工具】选择相应的元件右击后，选择【排列】中的相关命令即可。

（4）若对所创建的骨骼不满意，还可以选中需要删除的骨骼，单击【Delete】键删除。进一步完成整体骨骼的绘制。

图7-3　绘制骨骼

二、制作骨骼动画

（1）在时间轴上"骨架"图层的30帧插入帧（快捷键为【F5】），延长骨架图层的显示。

（2）分别定位在第10帧和第20帧，通过使用【选择工具】调整鹭鸟各个部分的姿势，如图7-4所示。

第1帧　原始姿势　　　　　第10帧　调整姿势　　　　　第20帧　调整姿势

图7-4　调整鹭鸟姿势

（3）选中第1帧，按住【Alt】键，按住鼠标左键拖动，可将第1帧复制到第30帧，时间轴上的图层如图7-5所示。

图7-5　调整鹭鸟姿势

姿势的调整可以不用和本书所使用的姿势一样，读者可根据自己的想法，调整出不同的姿势。

（4）完成姿势调整后，按【Ctrl+Enter】组合键预览后，导出swf格式。

小　　结

本章主要介绍了Animate软件中骨骼动画的概念与原理、骨骼的添加与编辑、骨骼动画制作等。在本章的学习中还应注意以下几点：

（1）反向运动（IK）进行动画处理的方式。

（2）Animate会自动在起始帧和结束帧之间对骨架中骨骼的位置进行内插处理。

（3）给对象添加完骨骼后，在时间轴上就会出现一个"骨架"图层。

练习与思考

一、填空题

1. Animate骨骼动画中，可以为两种对象添加骨骼，即_____和_____。

2. 骨骼动画比较适合制作_____和_____等类型的动画效果。

3. 骨骼动画利用_____原理，给对象绑定骨骼，然后骨骼按_____连接成线性或枝状的骨架。

二、选择题（1-3单选，4多选）

1. 为对象添加骨骼后，如果不满意，需要删除已经添加的骨骼，下列说法正确的是（   ）。

    A. 使用选择工具选中需要删除的骨骼，然后按【Delete】键删除

    B. 使用部分选取工具选中需要删除的骨骼，然后按【Delete】键删除

    C. 使用手形工具选中需要删除的骨骼，然后按【Delete】键删除

    D. 使用橡皮擦工具擦除骨骼

2. 在Animate CC中，骨骼工具的快捷键为（   ）。

    A.【H】   B.【Ctrl+B】

    C.【M】   D.【Ctrl+G】

3. 在骨骼动画中修改骨骼的节点，下列说法正确的是（   ）。

    A. 在绘制骨骼前，使用【任意变形工具】将对象的中心点进行修改

    B. 直接使用【任意变形工具】将对象的中心点进行修改

    C. 绘制骨骼前，使用【选择工具】将对象的中心点进行修改

    D. 直接使用【选择工具】将对象的中心点进行修改

4. 在下列选项中，可以作为骨骼动画的骨骼载体的对象为（   ）。

    A. 使用画笔涂抹的颜色

    B. 按钮

    C. 影片剪辑

    D. 图形元件

第8章

ActionScript 的应用

  ActionScript 代码通常被编译器编译成"字节码格式"（一种由计算机编写且能够为计算机所理解的编程语言）。ActionScript 脚本撰写语言允许向应用程序添加复杂的交互性、播放控制和数据显示。可以使用动作面板、"脚本"窗口或外部编辑器在创作环境内添加 ActionScript。ActionScript 遵循自身的语法规则和保留关键字，并且允许使用变量存储和检索信息。ActionScript 含有一个很大的内置类库，用户可以通过创建对象来执行许多有用的任务。

  可使用"动作"面板来编写放在 Animate 文档中的脚本（即嵌入 FLA 文件中的脚本）。"动作"面板提供了一些功能（如"动作"工具箱），让用户能够快速访问核心 ActionScript 语言元素。用户会收到创建脚本所需元素的提示。

  本章将学习 Animate 软件中 Action Script 的作用、Action Script 3.0 的特点、Action Script 语法规则、"代码片段"面板的使用方法和动作脚本的添加。

 学习目标

- 了解 Action Script 的作用。
- 理解 Action Script 3.0 的特点。
- 掌握 Action Script 语法规则。
- 掌握"代码片段"面板的使用方法。
- 掌握动作脚本的添加。
- 通过制作绿水青山相册，让大家通过学习动画制作的同时欣赏到了山青水秀的风景；通过制作刘三姐画册制作，让大家通过学习动画制作的同时欣赏到了动听的壮族民歌和美丽的山水画卷，培养学生的空间想象能力和创新意识，形成正确、规范的思维方式和分析方法。

案例 8-1　图片选择代码应用——交互电子相册制作

视频
交互电子相册制作

📔 情境导入

在当今社会，电子相册影像已成为人们生活和工作中日益追求的物质和精神需求，随着数码摄影时代的到来，无论是专业摄影师建立图片档案或是向他人展示自己的摄影作品，还是家庭生活摄影，都需要电子相册来保管摄影作品。

📋 案例说明

电子相册动画制作主要图片选择代码应用来实现。

📅 相关知识

一、认识交互式动画

交互动画是指在动画作品播放时支持事件响应和交互功能的一种动画。就是说，动画播放时可以接受某种控制，这种控制可以是动画播放者的某种操作，也可以是在动画制作时预先准备的操作。这种交互性提供了观众参与和控制动画播放内容的手段，使观众由被动接受变为主动选择。

最典型的交互式动画就是Animate动画。观看者可以用鼠标或键盘对动画的播放进行控制。

Animate动画交互性就是用户通过菜单、按钮、键盘和文字输入等方式，来控制动画的播放。交互式是为了用户和计算机之间产生互动性，使计算机对指示做出相应的反应。交互式动画就是动画在播放时支持事件响应和交互功能的一种动画，动画在播放时不是从头播到尾，而是可以接受用户的控制。

二、ActionScript 3.0的新增功能

Action Script 3.0是Animate的编程语言，与之前的版本有着本质上的不同，它是一门功能强大、符合业界标准的面向对象的编程语言。ActionScript 3.0新增了很多独有的功能，非常适合因特网应用程序开发。

核心语言定义编程语言的基本构成块，如语句、条件、表达式、循环和类型。

ActionScript 3.0实现了ECMAScript for XML（E4X），最后被标准化为ECMA-357。E4X提供一组用于操作XML的自然流畅的语言构造。

ActionScript 3.0编辑器借助内置ActionScript 3.0编辑器提供的自定义类代码提示和代码完成功能，简化开发作业，可有效地参考本地或外部的代码库。

三、ActionScript 3.0常用术语

Actions "动作"：用于控制影片播放的语句。

Classes "类"：用于定义新的对象类型。

Constants "常量"：是不变的元素。

Constructors "构造函数"：用于定义一个类的属性和方法。

Data types "数据类型"：用于描述变量或动作脚本元素可以包含的信息种类。

Events "事件"：是在动画播放时发生的动作。

Expressions "表达式"：具有确定值的数据类型的任意合法组合，由运算符和操作数组成。

Functions "函数"：是可重复使用的代码块，它可接受参数并返回结果。

Identifiers "标识符"：用于标识一个变量、属性、对象、函数或方法。

Instances "实例"：是一个类初始化的对象。每一个类的实例都包含这个类中所有属性和方法。

Instance names "实例名"：脚本中用于表示影片剪辑实例和按钮实例的唯一名称。可以通过【属性】面板为舞台上的实例指定实例名称。

Keywords "关键字"：是有特殊意义的保留字。

Methods "方法"：是与类关联的函数。

Objects "对象"：是一些属性的集合。每一个对象都有自己的名称，并且都是特定类的实例。

Operators "运算符"：通过一个或多个值计算新值。

Parameters "参数"：用于向函数传递值的占位符。

Properties "属性"：用于定义对象的特性。

Target paths "目标路径"：动画文件中，影片剪辑实例、变量和对象的分层结构地址。

Variables "变量"：用于存放任何一种数据类型的标示符，可以定义、改变和更新变量，也可在脚本中引用变量的值。

四、ActionScript 3.0常用语法规则

1．区分大小写

在动作脚本中的语句除了关键字区分大小写外，其他ActionScript 3.0语句大小写可以混用，但根据书写规范进行输入，可以使ActionScript 3.0语句更容易阅读。

对于关键字、类名、变量、方法名等，要严格区分大小写。如果关键字的大小写出现错误，在编写程序时就会有错误信息提示。如果采用了彩色语法模式，那么正确的关键字将以蓝色显示。

2．点运算符

动作脚本中的语句，点"."用于指示与对象相关的属性或方法。通过点语法可以引用类的属性或方法。例如：

```
var Company:Object = {};          //新建一个空对象，将其引用赋值给变量Company
Company.name = "企鹅";             //新增一个属性name，将字符串"企鹅"赋值给它
Trace(Company.name);              //输出"企鹅"
```

3．界定符

（1）大括号。动作脚本中的语句可被大括号包括起来组成语句块，用于将代码分成不同的块。

（2）小括号。通常用于放置使用动作时的参数，在定义或调用函数时都要使用小括号。

（3）分号。在动作脚本中的语句的结束处添加分号，表示该语句结束。虽然不添加分号也可以正常运行语句，但使用分号可以使语句更易于阅读。

4．注释

在语句后面添加注释有助于用户理解动作脚本的含义，以及向其他开发人员提供信息。添加注释的方法是先输入两个斜杠"//"，然后输入注释的内容即可。注释以灰色显示，长度不受限制，也不会影响语句的执行。例如：

```
Public Function myDate ( ) {              //创建新的Date对象
Var myDate:Date = new Date ( );
CurrentMonth = myDate.getMonth ( );       //将月份数转换为月份名称
monthName= calcMonth (currentMonth );
year = myDate.getFullYear ( );
currentDate = myDate.getDate ( );
}
```

5.关键字和标识符

现实生活中，所有事物都有自己的名字，从而与其他事物区分开。在程序设计中，也常常用一个记号对变量、方法和类等进行标示，这个记号就称为标识符。动作脚本保留一些单词用于表示该语言的特定用途，因此不能将它们用作变量、函数或标签的名称。如何在编写程序的过程中使用关键字，动作编辑框中的关键字会以蓝色显示。为了避免冲突，在命名时可以展开动作工具箱中的Index域，检查是否使用了已定义的名称。

标识符的命名必需符合一定的规范，在语言中，标识符的第一个字符必须为字母、下划线或美元符号，后面的字符可以是数字、字母、下划线或美元符号。

五、数据与运算

1.常量

"常量"是程序运行过程中数值恒定不变的量。在ActionScript 3.0中可以使用const关键字进行声明，并且"常量"只能在声明时直接赋值。一旦赋值，就不再改变。使用ActionScript 3.0编程时，建议能使用"常量"的就尽量使用"常量"。

"常量"声明格式如下：

```
const 常量名: 数据类型 = 值
```

2.变量

(1)"变量"的定义：

"变量"是为了存储数据而创建的。"变量"就像一个容器，用于容纳各种不同类型的数据。当然对变量进行操作，"变量"的数据就会发生改变。

"变量"必须先声明后使用，否则编译器就会报错。例如，现在要去喝水，首先要有一个杯子，否则怎么样去装水呢？要声明"变量"的原因与此相同。

(2)"变量"的命名规则：

①它必须是一个标识符。第一个字符必须是字母、下画线（_）或美元符号（$）。其后的字符必须是字母、数字、下画线或美元符号。不能使用数字作为变量名称的第一个字符。

②它不能是关键字或动作脚本文本，如true、false、null或undefined。特别不能使用ActionScript 3.0的保留字，否则编译器会报错。它在其范围内必须是唯一的，不能重复定义。

(3)"变量"类型。在使用"变量"之前，应先制定存储"数据"的类型，"数值类型"将对变量产生影响。

在Animate CC中，系统会在给"变量"赋值时自动确定"变量"的"数据类型"。

①"字符串变量"：该变量主要用于保存特定的文本信息，如姓名。

②"对象性变量"：用于存储对象型的数据。

③"逻辑变量"：用于判定指定的条件是否成立。其值有两种，true和false。true即真，表示条件成

立；false即假，表示条件不成立。

④"数值型变量"：一般用于存储特定的数值，如日期、年龄。

⑤"电影片段变量"：用于存储电影片段类型的数据。

⑥"未定义型变量"：当一个变量没有赋予任何值时，即为未定义型变量。

(4) 变量的作用域。"变量"的作用域是指变量能被识别和应用的区域。根据"变量"的作用可将其分为全局变量和局部变量。

①全局变量。全局变量是指在代码的所有区域中定义的变量。全局变量在函数定义的内部和外部均可使用。

②局部变量。局部变量是指仅在代码的某部分定义的变量。在函数内部声明的局部变量仅存在于该函数中。

3. 数据类型

(1) 布尔类型。布尔类型（Boolean）包含两个值：true和false。对于Boolean类型的变量，其他任何值都是无效的。已经声明但尚未初始化的布尔变量的默认值是false。

(2) 字符串类型。字符串类型可以使用单引号和双引号来声明字符串，也可以使用String的构造函数来生成。

(3) Number数据类型。Number数据类型是双精度浮点数。数字对象的最小值约为5E-324，最大值约为1.79E+308。

(4) Null数据类型。Null数据类型只有一个值，即null，此值意味着没有值，即没有数据。在很多情况下，可以指定null值，以指示某个属性或变量尚未赋值。

六、事件

1. 鼠标事件

单击：MouseEvent.click。

MouseEvent.couble_click。

按键状态：

MouseEvent.mouse_down。

MouseEvent.mouse_up。

鼠标悬停或移开：

MouseEvent.mouse_over。

MouseEvent.mouse_out。

MouseEvent.roll_over。

MouseEvent.roll_out。

鼠标移动：MouseEvent.mouse_move。

鼠标滚轮：MouseEvent.mouse_wheel。

当前鼠标的坐标：相对坐标local X、local Y；舞台坐标stage X、stage Y。

相关按键是否按下，Boolean类型；alt key、ctrl key、shift key、button down鼠标主键，一般情况为左键。

2．关键帧事件

将动作脚本添加到关键帧上时，只需选中关键帧，然后在【动作】面板中输入相关动作脚本即可，添加动作脚本后的关键帧上会出现一个"α"符号，如图8-1所示。

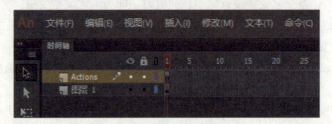

图8-1　动作脚本添加到关键帧上

3．影片剪辑事件

（1）实例名称。这里所指的实例包括影片剪辑实例、按钮元件实例、视频剪辑实例、动态文本实例和输入文本实例，它们是Animate CC 动作脚本面板的对象。

（2）绝对路径。使用绝对路径时，不论在哪个影片剪辑中进行操作，都是从场景的时间轴出发，到影片剪辑实例，再到下一级的影片剪辑实例，一层一层地往下寻找，每个影片剪辑实例之间用"."分开。

（3）相对路径。"相对路径"是以当前实例为出发点，来确定其他实例的位置。

4．使用函数

（1）调用内置函数。内置函数是执行特定任务的函数，可用于用户访问特定的信息。

（2）向函数传递参数。参数是某些函数执行其代码所需要的元素。

（3）从函数返回值。使用return语句可以从函数中返回值。return语句将停止函数运行并使用return语句的值替换它。

5．自定义函数

（1）用户可以把执行自定义功能的一系列语句定义为一个函数。该函数可以有返回值，也可以从任意一个时间轴中调用它。

（2）用户可以使用目标路径从任意时间轴中调用任意时间轴内的函数。如果函数是使用_global标识符声明的，则无须使用目标路径即可调用它。

七、动画的跳转

1．循环语句的使用

（1）while循环。如果用户要在条件成立时重复动作，可使用while语句。

while循环语句可以获得一个表达式的值，如果表达式的值为true，则执行循环体中的代码。在主体重的所有语句都执行之后，表达式将再次被取值。

（2）do...while语句。使用do...while语句可以创建与while循环相同类型的循环。在do...while循环中，表达式在代码块的最后，这意味着程序将在执行代码块之后才会检查条件，所以无论条件是否满足循环都至少会执行一次。

（3）for语句。如果用户要使用内置计数器重复动作，可使用for语句。多数循环都会使计数器以控制循环执行的次数。每执行一次循环就称为一次"迭代",用户可以声明一个变量并编写一条语句,每执行一次循环,该变量都会增加或减少。在for动作中,计数器和递增计数器的语句都是该动作的一部分。

(4) for...in语句。使用for...in循环可以循环访问对象属性或者数组元素(不按任何特定的顺序来保存对象的属性,因此属性可能以看似随机的顺序出现)。

(5) for each...in语句。for each...in循环用于循环访问集合中的项目,它可以是对象中的标签、对象属性保存的值或数组元素。

2. 条件语句的使用

(1) if...else控制语句。if...else控制语句是一个判断语句。该语句的调用格式有如下3种。

```
if(condition1){statement(s1);}                                              //格式1
if(condition1){statement(s1);}else{statement(s2);}                          //格式2
if(condition1){statement(s1);}else if(condition2){statement(s2);}           //格式3
```

(2) if...else if控制语句。if...else if控制语句可以用来测试多个条件。

(3) switch...case控制语句。switch...case控制语句是多条件判断语句,也是创建ActionScript语句的分支结构。像if动作一样,switch动作测试一个条件,并在条件返回true值时执行语句。

八、动作脚本的添加

ActionScript 3.0发生了重大变化,代码只能写在帧和AS类文件中。在实际开发过程中,如果把代码写在帧上会导致代码难以管理,因此建议用AS类文件来组织代码,这样可以使设计与开发分离,利于协同工作。

1. 给关键帧添加代码

打开【动作】面板或按【F9】键,直接在控制面板中输入代码。

2. AS类文件

选择【文件】|【新建】命令,弹出【新建文档】对话框,选择"ActionScript 3.0类"选项,即可创建一个外部类文件。

案例实施

(1) 运行Animate CC软件,选择【新建】|【ActionScript 3.0】选项,新建一个文件。

(2) 在【属性】面板的【位置和大小】区域舞台大小为宽700像素,高400像素。

(3) 选择【文件】|【导入】|【导入到舞台】命令(快捷键【Ctrl+R】),导入图片。

(4) 选择【插入】|【新建元件】命令(快捷键【Ctrl+F8】)。

(5) 在【创建新元件】对话框中,名称输入"1",类型选择"按钮",单击【确定】按钮,完成元件的创建。

(6) 把"风景1"图片拖到舞台中,图片大小设置为宽100像素,高72像素,完成元件1的创建,如图8-2所示。

(7) 依此类推,给所有图片分别创建按钮元件。

(8) 把"图层1"重命名为"风景",把"风景1"图片拖到舞台,在【位置和大小】区域设置X为"150"、Y为"0",如图8-3所示。

图8-2 新建按钮元件

图8-3 图片位置属性

(9) 在第2帧处铵【F7】键插入空白关键帧,把"风景2"图片拖到舞台中,在【位置和大小】区域设置X为"150"、Y为"0"。

(10) 依此类推,在第3、4、5帧处把"风景3""风景4""风景5"图片拖到舞台中,在【位置和大小】区域设置X为"150"、Y为"0"。

(11) 新建图层,命名为"按钮"。绘制一个宽150像素,高400像素的矩形。绘制黑色的圆,制作胶卷效果,如图8-4所示。

图8-4 绘制矩形

(12)选择【视图】|【标尺】命令,显示标尺,拖出一条辅助线到舞台。
(13)把元件"1"拖到舞台中,实例名称定义为"a",如图8-5所示。

图8-5 定义实例名称(1)

(14)依此类推,把元件"2"拖到舞台中,实例名称定义为"b";把元件"3"拖到舞台中,实例名称定义为"c";把元件"4"拖到舞台中,实例名称定义为"d";把元件"5"拖到舞台中,实例名称定义为"e",如图8-6所示。

图8-6 定义实例名称(2)

（15）新建图层，命名为"代码"，选择第1帧，选择【窗口】|【动作】命令（或按【F9】键），打开【动作】面板，如图8-7所示。

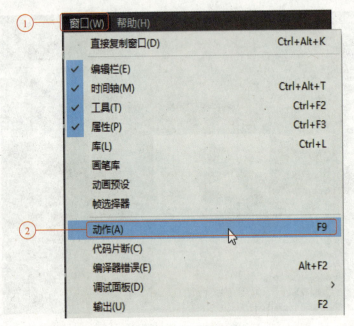

图8-7 打开"动作"面板

（16）在【动作】面板中输入图8-8所示代码。

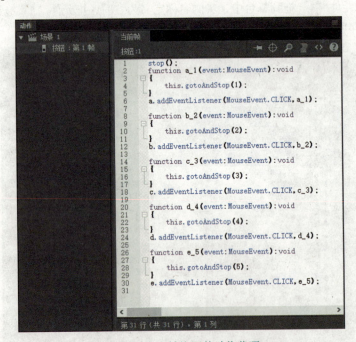

图8-8 点击转换图片动作代码

（17）保存文件，按【Ctrl+ Enter】组合键进行影片测试。

案例8-2 播放与重播代码应用—刘三姐画册制作

📔 **情境导入**

视频

刘三姐画册制作

刘三姐的传说

相传唐代，在广西罗城与宜州交界处的天洞之滨，有个美丽的小山村（现罗城仫佬族自治县四把镇蓝靛村）。村中有一位叫刘三姐的壮族姑娘，她自幼父母双亡，靠哥哥刘二抚养，兄妹俩二人以打柴、捕鱼为生，相依为命。三姐不但勤劳聪明，更是纺纱织布的好手，而且长得宛如出水芙蓉一般，容貌绝伦。她尤其擅长唱山歌，她的山歌遐迩闻名，故远近歌手经常聚集其村，争相与她对歌、学歌。

刘三姐常用山歌唱出穷人的心声和不平，故而触犯了土豪劣绅的利益。当地财主莫怀仁贪其美貌，欲占为妾，遭到她的拒绝和奚落，便怀恨在心。莫怀仁企图禁歌，被刘三姐用山歌驳得理屈词穷。又请来三个秀才与刘三姐对歌，又被刘三姐等弄得丑态百出，大败而归。莫怀仁恼羞成怒，不惜耗费家财去勾结官府，咬牙切齿把刘三姐置于死地而后快。为免遭毒手，三姐偕同哥哥在众乡亲的帮助下，趁天黑乘竹筏，顺流沿天河直下龙江后入柳江，辗转来到柳州，在小龙潭村边的立鱼峰东麓小岩洞居住。

据说来到柳州以后，三姐那忠厚老实的哥哥刘二心有余悸，怕三姐又唱歌再招惹是非，便想方设法来阻止。一天，他终于想出了个办法，从河边捡回一块又圆又厚的鹅卵石丢给三姐，说："三妹，用你的手帕角在石头中间钻个洞，把手帕穿过去！若穿不过去，就不准你出去唱歌！"接着铁青着脸一字一顿地补充道："为兄说一不二，决无戏言。"

先还是甜甜微笑的三姐，看看哥哥的满脸愠色，不敢像往常那样据理争辩，拾起丢在面前的石头，暗忖道："我又不是神仙，手帕角怎能穿得过去？"她下意识地试穿，并唱道：哥发癫，拿块石头给妹穿；软布穿石怎得过？除非凡妹变神仙！

"管你是凡人也好，神仙也好，为兄一言既出，绝不更改！"哥哥像是吃了秤砣——铁了心。心想：这一招够绝了吧，还难不倒你？

谁料三姐凄切婉转的歌声直上霄汉，传到了天宫七仙女的耳里。七仙女非常感动，恐三姐从此歌断失传，于是施展法术，从发上取下一根头发簪甩袖向凡间刘三姐手中的石块射去，不偏不歪，把石头穿了一个圆圆的洞。三姐无意中见手帕穿过石头，心中暗喜，张开甜润的嗓子：

哎……穿呀穿，柔能克刚好心欢，歌似滔滔柳江水，源远流长永不断！

从此，刘三姐的歌声又萦回鱼峰山顶、树梢，慕名来学歌的、对歌的人络绎不绝。后来，三姐在柳州的踪迹被莫怀仁侦知。他又用重金买通官府，派出众多官兵将立鱼峰团团围住，来势汹汹，要捉杀三姐。小龙潭村及附近的乡亲闻讯，手执锄头棍棒纷纷赶来，为救三姐而与官兵搏斗。三姐不忍心使乡亲流血和受牵连，毅然从山上跳入小龙潭中……

正当刘三姐纵身一跳的时候，顿时狂风大作，天昏地暗。随着一道红光，一条金色的大鲤鱼从小龙潭中冲出，把三姐驮住，飞上云霄。刘三姐就这样骑着鱼上天，到天宫成了歌仙。而她的山歌，人们仍世代传唱着。为纪念她在柳州传唱的功绩，人们在立鱼峰的三姐岩里，塑了一尊她的石像，一直供奉。

"三月三",是壮族地区最大的歌圩日,又称"歌仙节",相传是为纪念刘三姐而形成的民间纪念性节日。1984年农历三月三日,广西壮族自治区人民政府正式将这一天定为壮族的全民性节日——"三月三"歌节。每年的这一天,南宁市及其他各地都要举行盛大的歌节。歌节期间,除传统的歌圩活动外,还要举办抢花炮、抛绣球、碰彩蛋及演壮戏、舞彩龙、擂台赛诗、放映电影、表演武术和杂技等丰富多彩的文体娱乐活动。另外,各种商业贸易、投资洽谈等活动亦逐渐增加,形成"文化搭台,经济唱戏"的新风尚。届时,岭南壮乡四海宾朋云集,歌如海、人如潮。那不绝于耳的嘹亮歌声,寄托着人们对歌仙刘三姐的思念和对丰收、对爱情、对幸福美好生活的憧憬和向往。

案例说明

刘三姐画册制作主要应用播放与重播、停止等代码来实现。

相关知识

一、停止代码

```
Stop();
```

二、播放代码

```
/* 单击以转到下一场景并播放
单击指定的元件实例会将播放头移动到时间轴中的下一场景并在此场景中继续回放
*/
p.addEventListener(MouseEvent.CLICK, fl_ClickToGoToNextScene);
function fl_ClickToGoToNextScene(event:MouseEvent):void
{
    MovieClip(this.root).nextScene();
}
```

三、重播代码

```
/* 单击以转到前一场景并播放
单击指定的元件实例会将播放头移动到时间轴中的前一场景并在此场景中继续回放
*/
rp.addEventListener(MouseEvent.CLICK, fl_ClickToGoToPreviousScene);
function fl_ClickToGoToPreviousScene(event:MouseEvent):void
{
    MovieClip(this.root).prevScene();
}
```

案例实施

一、导入素材

(1)运行Animate CC软件,选择【新建】|【ActionScript 3.0】选项,新建一个文件。把舞台大小设置为宽800像素,高600像素。

(2)选择【文件】|【导入】|【导入到库】命令。

(3)找到"第8章 刘三姐画册制作素材"文件夹,选择文件夹中所有文件,如图8-9所示。

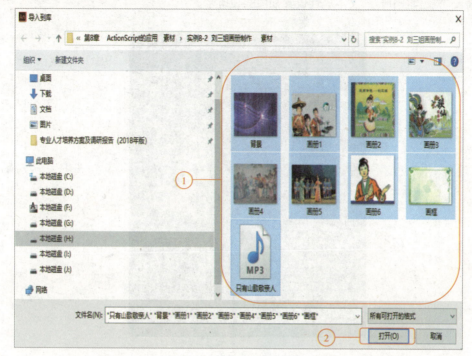

图8-9 选择素材

(4)单击【打开】按钮,导入素材,在【库】面板中可以看到所有的图片和音乐素材。

二、创建元件

(1)选择【插入】|【新建元件】命令(快捷键【Ctrl+F8】)。

(2)在【创建新元件】对话框中,输入名称"播放",类型选择"按钮",单击【确定】按钮,完成元件的创建。

(3)绘制一个绿蓝渐变色矩形,输入"播放",如图8-10所示。

(4)分别在"指针""按下""点击"处插入关键帧,在"指针"关键帧处把矩形颜色改成黄紫渐变色,如图8-11所示。

图8-10 按钮元件弹起状态

图8-11 按钮元件指针状态

(5)依此类推,完成"重播"按钮元件制作。

(6)选择【插入】|【新建元件】命令(快捷键【Ctrl+F8】)。

(7)在【创建新元件】对话框中,输入名称"刘三姐画册",类型选择"图形",单击【确定】按钮,完成元件的创建。

(8)输入"刘三姐画册",文本属性设置如图8-12所示。

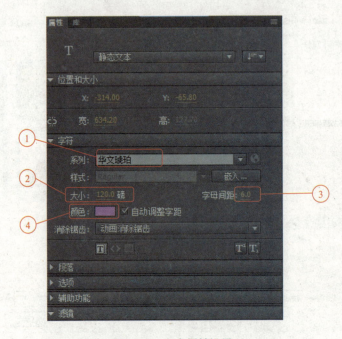

图8-12 文本属性设置

(9)给文本添加"斜角"和"发光"滤镜,如图8-13所示。

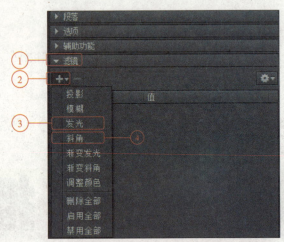

图8-13 添加文本滤镜

三、动画制作

（1）把"图层1"重命名为"背景"，从库中把"背景"拖到场景，在【属性】面板的【位置和大小】区域设置X为"0"，Y为"0"，宽为800像素，高为600像素。

（2）在第100帧处插入帧，并锁定图层。

（3）新建图层，命名为"文本"，从【库】面板中把元件"刘三姐画册"拖到场景，在第40帧处按【F6】键插入关键帧，并创建传统补间动画，在第1帧处把文字缩小。

（4）新建图层，命名为"按钮"，在第40帧处按【F7】键插入空白关键帧，从【库】中把元件"播放"拖到场景右下角，如图8-14所示。

图8-14 添加"播放"按钮

（5）新建图层，命名为"stop"，在第100帧处按【F7】键插入空白关键帧；选择【窗口】|【动作】命令或按【F9】键，打开【动作】面板，在【动作】面板中输入"stop();"，如图8-15所示。

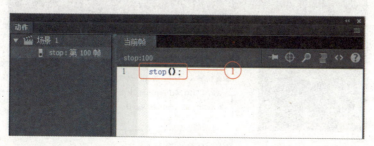

图8-15 设置停止播放

（6）在第40帧处单击【播放】按钮，在【动作】面板中单击【代码片断】按钮打开【代码片断】对话框，选择"ActionScript"，如图8-16所示。

（7）展开【时间轴导航】选项，双击【单击以转到下一场景并播放】选项，如图8-17所示。

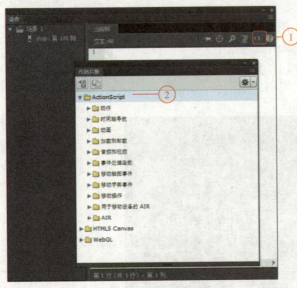

图8-16　【代码片断】对话框　　　　　　　　　图8-17　设置播放代码

（8）在弹出的对话框中单击"确定"按钮，如图8-18所示。

图8-18　确定实例名称

（9）在【动作】面板中，自动生成播放代码，如图8-19所示。

图8-19　播放代码

（10）在【时间轴】面板中，自动生成动作代码图层"Actions"，如图8-20所示。

图8-20　时间轴上自动生成动作代码图层

（11）新建图层，命名为"音乐"，把音乐"只有山歌敬亲人.mp3"从【库】面板中拖到场景中，如图8-21所示。

图8-21　添加音乐

（12）选择【窗口】|【场景】命令（快捷键【Shift】+【F2】）新建场景，如图8-22所示。

（13）在【场景】面板中单击【添加场景】按钮，创建场景2，如图8-23所示。

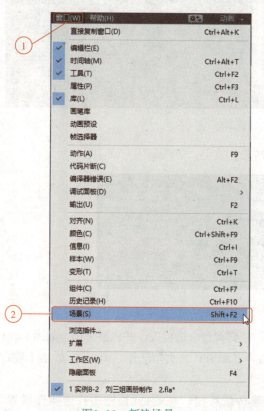

图8-22　新建场景

图8-23　新建场景

（14）把"图层1"重命名为"背景"，从【库】面板中把"画框"拖到场景，在【属性】面板的【位置和大小】区域设置X为"0"，Y为"0"，宽为800像素，高为600像素，如图8-24所示。

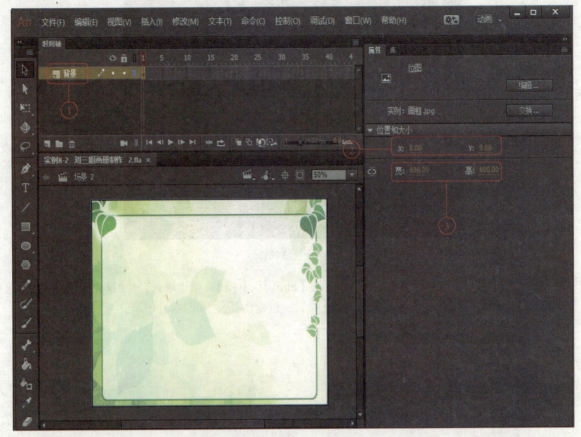

图8-24 设置场景2背景

（15）在第350帧处插入帧，并锁定图层，如图8-25所示。

图8-25 插入帧并锁定图层

（16）新建图层，命名为"画册1"，把图片"画册1"拖到舞台合适位置，并调整大小，如图8-26所示。按【F8】快捷键，将图片转换为元件，输入元件名为"画册1"，类型选择"图形"，单击【确定】按钮。

（17）在第30帧处按【F6】键插入关键帧，并创建传统补间，在第1帧处把图片透明度设置为"1%"，如图8-27所示。

第8章 ActionScript的应用

图8-26 摆放好画册1

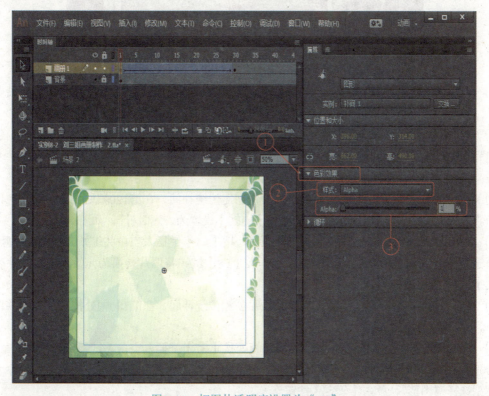

图8-27 把图片透明度设置为"1%"

(18) 新建图层,命名为"画册2",在第60帧处按【F7】键插入空白关键帧,把图片"画册2"拖到舞台合适位置,并调整大小,如图8-28所示。按【F8】键,将图片转换为元件,输入元件名为"画册2",类型选择"图形",单击【确定】按钮。

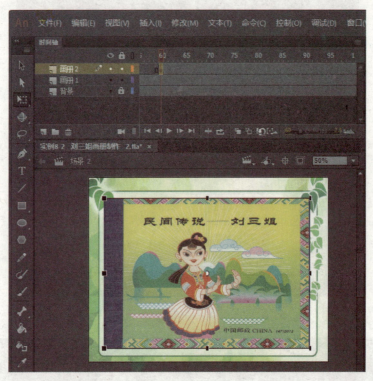

图8-28　摆放好画册2

(19) 在第90帧处按【F6】键插入关键帧,并创建传统补间,在第60帧处把图片缩小并设置透明度为"1%",如图8-29所示。

(20) 新建图层,命名为"画册3",在第120帧处按【F7】键插入空白关键帧,把图片"画册3"拖到舞台合适位置,并调整大小,如图8-30所示。按【F8】键,将图片转换为元件,输入元件名为"画册2",类型选择"图形",单击【确定】按钮。

(21) 在第150帧处按【F6】键插入关键帧,并创建传统补间,在第120帧处把图片缩小并设置透明度为"1%"。在【属性】面板把【补间】区域将【旋转】设置为"顺时针",如图8-31所示。

(22) 新建图层,命名为"画册4",在第180帧处按【F7】键插入空白关键帧,把图片"画册4"拖到舞台合适位置,并调整大小,如图8-32所示。按【F8】键,将图片转换为元件,输入元件名为"画册2",类型选择"图形",单击【确定】按钮。

(23) 在第210帧处按【F6】键插入关键帧,并创建传统补间,在第180帧处把图片缩小并设置透明度为"1%",如图8-33所示。

(24) 新建图层,命名为"画册5",在第210帧处按【F7】键插入空白关键帧,把图片"画册5"拖到舞台合适位置,并调整大小,如图8-34所示。按【F8】键,将图片转换为元件,输入元件名为"画册2",类型选择"图形",单击【确定】按钮。

第8章 ActionScript的应用

图8-29 把图片缩小并设置透明度为"1%"

图8-30 摆放好画册3

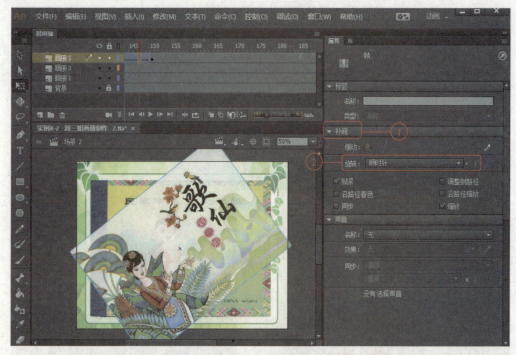

图8-31 把图片设置成旋转效果

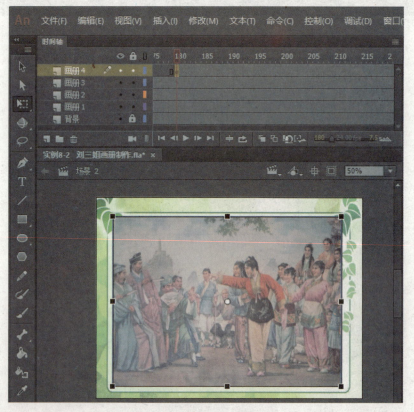

图8-32 摆放好画册4

第8章 ActionScript的应用

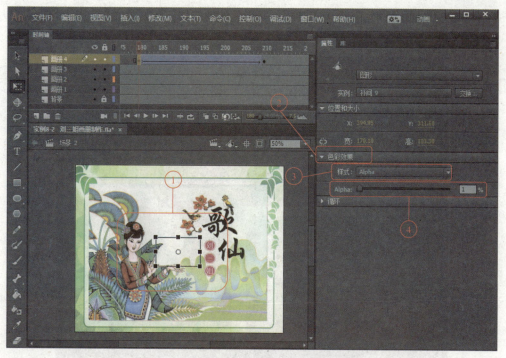

图8-33 把图片缩小并设置透明效果

图8-34 摆放好画册5

（25）在第270帧处按【F6】键插入关键帧，并创建传统补间，在第240帧处把图片放大并设置透明度为"1%"，如图8-35所示。

图8-35　把图片放大设置透明效果

（26）新建图层，命名为"画册6"，在第300帧处按【F7】键插入空白关键帧，把图片"画册6"拖到舞台合适位置，并调整大小，如图8-36所示。按【F8】键，将图片转换为元件，输入元件名为"画册6"，类型选择"图形"，单击【确定】按钮。

图8-36　摆放好画册6

（27）在第330帧处按【F6】键插入关键帧，并创建传统补间，在第300帧处把图片缩小并设置成旋转效果，如图8-37所示。

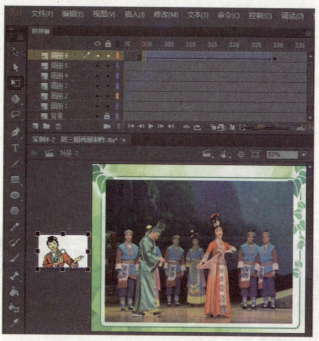

图8-37　把图片缩小并设置成旋转效果

（28）新建图层，命名为"按钮"，在第330帧处按【F7】键插入空白关键帧，从【库】面板中把元件"重播"拖到场景右下角，如图8-38所示。

图8-38　添加重播按钮

(29)新建图层,命名为"stop",在第350帧处按【F7】键插入空白关键帧。选择【窗口】|【动作】命令或按【F9】键,打开【动作】面板,在【动作】面板中输入"stop();"。

(30)在第330帧处单击【重播】按钮,在【动作】面板中单击【代码片断】按钮,打开【代码片断】面板。

(31)在【代码片断】面板中,展开【时间轴导航】选项,双击【单击以转到下一场景并播放】选项。

(32)弹出创建实例名称提醒,单击【确定】按钮,如图8-39所示。

图8-39 创建实例名称提醒

(33)在【动作】面板中,自动生成播放代码,如图8-40所示。

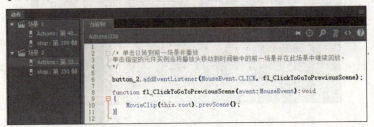

图8-40 重播代码

(34)在【时间轴】面板中,自动生成动作代码图层"Actions",如图8-41所示。

图8-41 时间轴上自动生成动作代码图层

（35）保存文件，按【Ctrl+Enter】组合键进行影片测试。

小　　结

本章主要介绍了ActionScript 3.0的基础知识，【代码片段】面板的使用。在本章的学习中还应注意以下几点：

（1）要使ActionScript语句能够正常运行，必须按照正确的语法规则进行编写。

（2）利用【代码片段】面板可以使初学ActionScript 3.0语言的用户快速上手，还可以帮助用户了解不同语句的用途和使用方法。

（3）在【动作】面板中可以查看、添加和编辑ActionScript代码。

（4）利用ActionScript 3.0制作的交互效果，有很多都是利用鼠标事件触发的，因此应熟练掌握各种鼠标事件的代码。

练习与思考

一、填空题

1. 按照组件文件的发布格式，ActionScript 3.0中的组件可分为：_____和_____。
2. ComboBox组件就是下拉列表框组件，应用于需要从列表中选择一项的表单或应用程序中，该组件由三个子组件组成_____组件、TextInput组件和_____组件。
3. Label组件就是标签组件，一个标签组件就是一行文本，该组件_____、不能具有焦点，并且_____。
4. Slider组件的当前值由滑块与端点之间的相对位置确定，其中_____和_____两个属性的值分别对应滑块与最左端和在最右端的组件值。
5. 在任何需要单行文本字段的地方，都可以使用单行文本（TextInput）组件，该组件可以_____，或_____。

二、选择题（1-5单选）

1. RadioButton组件有一个独特的参数用于设置组名称（　　）。
　　A. label　　　　　B. groupName　　　　C. text　　　　　　D. name
2. ComboBox组件属性rowCount设置在不使用滚动条的情况下一次最多可以显示的项目数，默认值为（　　）。
　　A. 1　　　　　　B. 7　　　　　　　　C. 3　　　　　　　D. 5
3. TextInput组件的（　　）参数可以设置用户在文本字段输入的最大字符数。
　　A. editable　　　B. restrict　　　　　C. maxChars　　　D. text
4. TextArea组件的（　　）参数指明文本是否自动换行，默认值为true。
　　A. text　　　　　B. wordWrap　　　　C. html　　　　　D. editable

第9章

综合案例

  Animate软件主要用来制作二维动画，如原理演示、教学动画、MG动画等，设计适合游戏、应用程序和 Web 的交互式矢量动画和位图动画。借助 Animate CC，用户可以将动画快速发布到多个平台以及传送到观看者的计算机桌面、移动设备和电视上。同时，这款软件适用范围也十分广泛，能够设计游戏、电视节目和 Web 的交互式动画，让卡通和横幅广告栩栩如生。

  本章将学习用Animate制作人物讲话与手势动画的方法、多个场景动画效果、MG动画和唐诗朗诵动画效果等。

 学习目标

- 掌握用 Animate 制作人物讲话与手势动画的方法。
- 掌握用 Animate 制作多个场景的动画效果。
- 掌握用 Animate 制作 MG 动画。
- 掌握用 Animate 制作唐诗朗诵动画效果。
- 培养综合运用知识分析、处理问题的能力。培养学生的创业精神、敬业精神和职业道德意识。为培养具有创新精神和实践能力的高素质人才奠定良好的基础。

案例 9-1　警察讲话与手势动画

📋 情境导入

在古代文献记载中，早就有"警""察"二字的记载。

"警"有以下几种含义：

（1）戒备，特指军事上的戒备。《左传·宣公十二年》中有"军卫不彻，警也。"

（2）需要戒备的情况或消息。方苞《左忠毅公逸事》中有"每月警，辄数日不就寝。"

（3）警告、告诫。方苞《狱中杂记》中有"是以立法以警其余。"

（4）机警、敏锐。《三国志·魏武帝记》中有"太祖少机警，有权数。"

"察"有以下几种含义：

（1）观察，细看。《易·系辞》中有"俯以察于地理。"

（2）考核调查。《论语·卫灵公》中有"众恶之，必察焉。"

（3）选拔、推荐。

（4）精明、明察。"水至清则无鱼，人至察则无徒。"

总之，在我国古字的意义上，先事戒备谓之"警"，见微知著谓之"察"。警察二字连用含有侦查、缉拿之意。如《金史·百官志》记载："诸京巡警院使一员，正六品，掌平理狱讼，警察别部，总判院事。"这里的警察就有侦查、检察的意思。

在中国警察发展史上，警察一词始于宋代。现代意义警察制度，创于清朝光绪年间。最初称警察为巡捕，后又改称警察为巡警。《清朝续文献通考》所释：警察乃内治安要政，且是专门之学，自奉旨办，挑年轻敏者，认真教训。这是我国近现代意义上有关警察概念最早的解释。

📋 案例说明

本案例通过警察讲话与手势动画学习Animate综合动画制作。

📋 相关知识

本案例主要应用传统补间动画制作。

📋 案例实施

一、打开"警察模型"Animate文件。

（1）运行Adobe Animate CC 2017软件，选择【文件】|【打开】命令，找到"警察模型"文件，打开文件。

（2）选择【文件】|【另存为】命令，将模型以"警察模型动画"为文件名保存。

二、角色身体各部分转换为元件

（1）全选"警察模型"素材（快捷键【Ctrl+A】），右击，选择【转换为元件】命令（快捷键【F8】），命名为"警察"图形元件。

（2）双击"警察"图形元件，进入元件内部。选择角色头以上部分，包括眼睛、嘴巴、鼻子、帽子、头发，右击，在弹出的快捷菜单中选择【转换为元件】命令（快捷键【F8】），命名为"头"图形元件。选择【工具】面板【任意变形工具】，将头部的重心点移到下巴处，方便其运动，如图9-1所示。

图9-1　头重心点移动

（3）选择舞台角色左上臂素材，右击，在弹出的快捷菜单中选择【转换为元件】命令（快捷键【F8】），命名为"左上臂"图形元件。选择【工具】面板【任意变形工具】，将手臂的重心点移到手臂节点处，方便其运动，如图9-2所示。

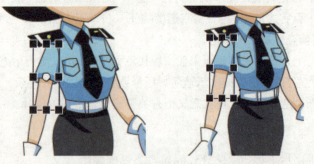

图9-2　手臂重心点移动

（4）通过选取素材（多选快捷键【Shift+鼠标左键】）转化为元件（快捷键F8），选择【工具】面板【任意变形工具】，将各个部件的元件重心点移到旋转点的地方，即身体关节处，方便其运动。然后将转化的元件进行层级关系调整（快捷键【Ctrl+↓/↑】），将已经转换为元件的素材按照原来的层级顺序排好位置。

（5）全选"图层_1"素材，在【属性】面板显示"图形"，就证明全体素材都已经转化为图形元件。全选素材后，右击，在弹出的快捷菜单中选择【分散到图层】命令，将各元件分散到图层。在时间轴各层上选择第120帧5秒处插入帧（快捷键【F5】），如图9-3所示。

三、制作"警察"头部动画

（1）分层，选择时间轴"头"图层上的"头"元件，双击进入"头"元件里面，在"图层_1"时间轴层上选择第120帧5秒处插入帧（快捷键【F5】）。头部的动作主要是眼睛和嘴巴，选取眼睛和眉毛素材（多选快捷键【Shift+鼠标左键】），右击在弹出的快捷菜单中选择【剪切】命令（快捷键【Ctrl+X】），在"图层_1"上新建图层"图层_2"，将剪切的眼睛眉毛复制到"图层_2"，右击，在弹出的快捷菜单中选择【粘贴到当前位置】命令（快捷键【Ctrl+Shift+V】），双击"图层_2"，重命名为"眼睛"。同样操作将"图层_1"的嘴巴剪切复制到一个新图层，重命名为"嘴巴"，如图9-4所示。

图9-3　元件分层

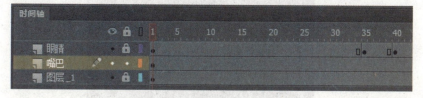

图9-4　眼睛、嘴巴分层

（2）眼睛眨眼动作，在"眼睛"图层第35、40、80、85帧插入关键帧（快捷键【F6】），在35、80帧处，删掉舞台中原来的眼睛素材，制作一个闭眼的素材，如图9-5所示。这样，一个眨眼动作就做好了，角色在120帧5秒内眨了两次眼。

（3）制作嘴巴动画：

①选择嘴巴，将其转化为元件（快捷键【F8】），图形元件命名为"嘴巴"，双击"嘴巴"元件进入元件。

②在元件内，时间轴"图层_1"的第4、7、10帧右击，在弹出的快捷菜单中选择【插入空白关键帧】命令（快捷键【F7】），在第12帧

图9-5　闭眼动作

右击，在弹出的快捷菜单中【插入帧】命令（快捷键【F5】）。

③在第4、7、10帧分别制作"a""o""e"的嘴型，如图9-6所示。

图9-6　嘴型动作

④双击"嘴巴"元件的空白处，退出"嘴巴"元件，这样，一个嘴巴的循环动作就做好了。后期可根据音频，调整"嘴巴"嘴型动作，在第97帧插入关键帧（快捷键【F6】），选中舞台"嘴巴"元件，在【属性】面板【循环选项】中将【循环】设置为"单帧"，这样舞台中嘴巴的动作就停留在闭合状态，如图9-7所示。

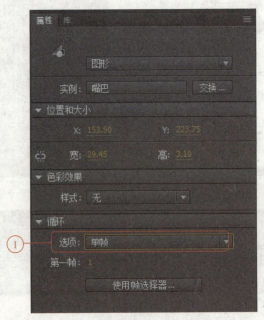

图9-7　单帧动作

四、制作"警察"全身动画

(1) 上半身整体动作：

①在第5、13帧插入关键帧（快捷键【F6】）。

②在第13帧，选取舞台内上半身全部素材（按住【Shift】键的同时单击鼠标左键），选择【工具】面板【任意变形工具】，将选中的上半身全部素材的重心点移到皮带位置，如图9-8所示。

③鼠标指针靠近选取素材框的右上角，出现旋转标记，对素材进行旋转（旋转角度不宜过大），如图9-9所示。

图9-8 上半身重心点移动　　　　　　　　图9-9 上半身旋转

④在第13帧，选择舞台中的"右下臂"，选择【工具】面板【任意变形工具】，将手臂进行旋转，做出一个抬手的姿势，如图9-10所示。

⑤在时间轴第5、13帧两个关键帧之间，选择【创建传统补间】命令。这样，警察角色的第一个动作就出来了，如图9-11所示。

图9-10 手臂旋转　　　　　　　　图9-11 补间动画

（2）选择舞台中的"右下臂"，在"右下臂"图层第35、40、45、50、55帧插入关键帧（快捷键【F6】），选择【工具】面板【任意变形工具】，在40、50帧，将手臂进行旋转，做出一个抬手的姿势，在时间轴关键帧之间，选择【创建传统补间】命令，警察角色的摇手动作就制作出来了。

（3）选择舞台中的"头"，在"头"图层第65、70、75帧插入关键帧（快捷键【F6】），选择【工具】面板【任意变形工具】，在第70帧，将头向下旋转，做出一个点头的姿势，在时间轴关键帧之间，选择【创建传统补间】命令，警察角色的点头动作就制作出来了。

(4)选择时间轴的"右下臂",按住鼠标左键选中第35帧,并平移到第55帧,全选第35~55帧,如图9-12所示。按住【Alt】键平移,相当于复制第35~55帧的动作,平移到第85帧处,一个摇手动作复制出来了,如图9-13所示。

图9-12 补间动画(1)

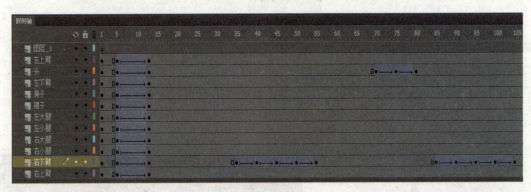

图9-13 补间动画(2)

(5)双击舞台空白处,返回"场景1",在时间轴"图层_1"层上选择第120帧5秒处插入帧(快捷键【F5】)即可,一个"警察"的动作动画就完成了,播放观看动作(快捷键【Ctrl+Enter】)。

视频
综合案例——
以礼相待

案例 9-2 综合案例——以礼相待

情境导入

成语出处:明·施耐庵《水浒传》"宋江以礼相待,用好言抚慰"。
成语解释:礼指仪礼;应有的礼节;待指对待、接待。用应有的礼节来对待别人。

案例说明

本案例通过制作一个传统礼仪动画学习Animate综合动画制作。

相关知识

本案例主要应用传统补间动画制作,元件的应用、透明度设置等。

案例实施

制作步骤:

1. 场景1制作

（1）运行Animate CC 2017软件，选择【新建】|【ActionScript 3.0】选项，新建一个文件。

（2）把舞台大小修改为宽640像素，高480像素。

（3）选择【文件】|【导入】|【导入到库】命令，选择素材文件夹"案例9-2 综合案例——以礼相待 素材"中的"背景"，如图9-14所示。

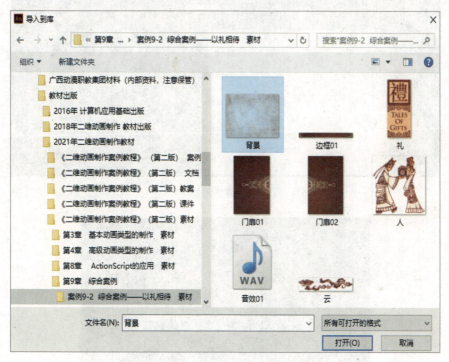

图9-14 插入背景图片

（4）把"背景"图片拖到舞台，位置X和Y均为0，把图层重命名为"背景"，锁定图层，如图9-15所示。

（5）新建一个图层，并命名为"边框"，选择【文件】|【导入】|【导入到库】命令，选择素材文件夹"案例9-2 综合案例——以礼相待 素材"中的"边框"，把"边框"图片拖到舞台，锁定图层，如图9-16所示。

（6）新建一个图层，并命名为"门扉01"，选择【文件】|【导入】|【导入到库】命令，选择素材文件夹"案例9-2 综合案例——以礼相待 素材"中的"门扉01"，把"门扉01"图片拖到舞台，并放在舞台的左边，把图层移动到"边框"层下面；新建一个图层，并命名为"门扉02"，选择【文件】|【导入】|【导入到库】命令，选择素材文件夹"案例9-2 综合案例——以礼相待 素材"中的"门扉02"，把"门扉02"图片拖到舞台，并放在舞台的右边，把图层移动到"边框"层下面，如图9-17所示。

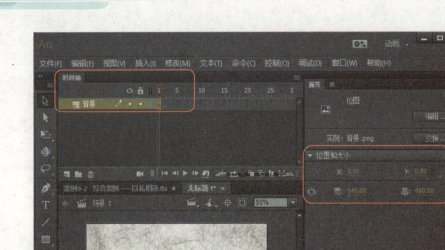

图9-15 调整背景图片

图9-16 插入边框图片

（7）在"背景"图层上方新建一个图层，并命名为"礼"，把"门扉01"和"门扉02"图层隐藏，选择【文件】|【导入】|【导入到库】命令，选择素材文件夹"案例9-2 综合案例——以礼相待 素材"

中的"礼",把"礼"图片拖到舞台,按【F8】键,转换成元件,把元件命名为"礼",元件类型为"图形",如图9-18所示。

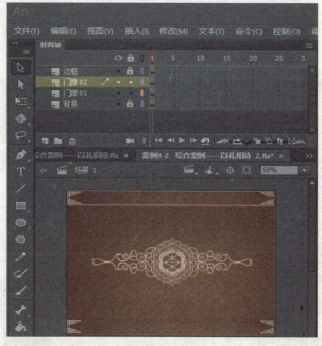

图9-17 插入"门"图片

图9-18 插入"礼"图片

（8）在"礼"图层下方新建一个图层，并命名为"云右"，选择【文件】|【导入】|【导入到库】命令，选择素材文件夹"案例9-2 综合案例——以礼相待 素材"中的"云"，把"云"图片拖到舞台，按【F8】键，转换成元件，把元件命名为"云"，元件类型为"图形"，把元件"云"拖放到舞台右侧；在"礼"图层上方新建一个图层，并命名为"云右"，把元件"云"拖放到舞台左侧，如图9-19所示。

图9-19 插入"云"元件

（9）分别在"背景"和"边框"图层第90帧处按【F5】键插入帧，分别在"门扉01"和"门扉02"图层第30帧处按【F6】键插入关键帧，分别在这两个图层上创建传统补间，在"门扉01"图层第30帧处把"门扉01"图片拖到舞台左侧，在"门扉02"图层第30帧处把"门扉01"图片拖到舞台右侧，如图9-20所示。

（10）分别在"云左""云右""礼"图层第30帧处按【F6】键插入关键帧，分别在这3个图层上创建传统补间，在第1帧处分别把这3个图层上的元件透明度设置成"20%"，如图9-21所示。

（11）分别在"云左""云右""礼"图层第30帧处分别把这3个图层上的元件透明度设置成"100%"，放大并移到舞台中间，如图9-22所示。

（12）分别在"云左""云右""礼"图层第60、90帧处按【F6】键插入关键帧，分别在这3个图层上第60帧到第90帧处创建传统补间，在第90帧处把这3个图层上的元件透明度设置成"20%"，如图9-23所示。

图9-20 制作开门动画

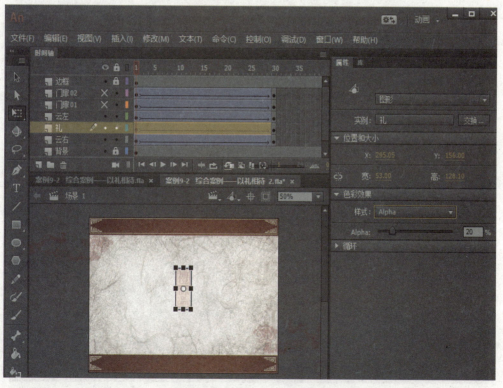

图9-21 设置图片透明度（1）

图9-22 设置图片透明度（2）

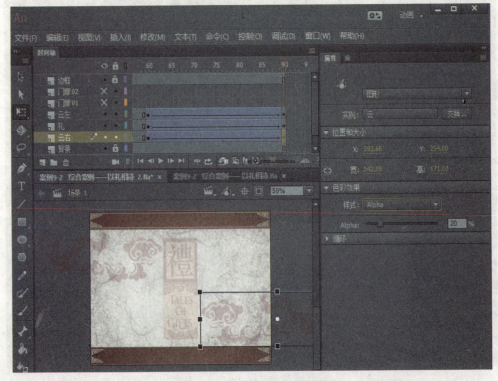

图9-23 设置图片透明度（3）

2．场景2制作

（1）选择【窗口】|【场景】命令（快捷键【Shift+F2】），在【场景】对话框中单击【添加场景】按钮，新建场景2，如图9-24所示。

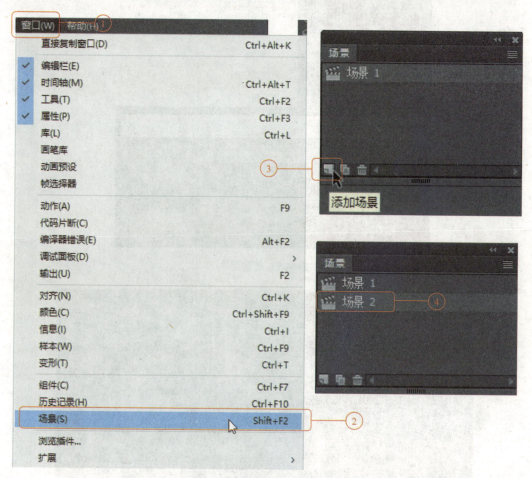

图9-24 新建场景2

（2）参照场景1操作方法完成"背景"和"边框"图层制作。

（3）在"背景"图层上方新建一个图层，并命名为"文字"，选择【插入】|【新建元件】命令（快捷键【Ctrl+F8】），输入元件名称"以礼相待"，元件类型为"图形"，如图9-25所示。单击【确定】按钮，创建元件内容，如图9-26所示。

（4）在"背景"图层上方新建一个图层，并命名为"人物"，选择【文件】|【导入】|【导入到库】命令，选择素材文件夹"案例9-2 综合案例——以礼相待 素材"中的"人物"，把"人物"图片拖到舞台，如图9-27所示。

（5）分别在"背景"和"边框"图层第60帧处按【F5】键插入帧，分别在"文字"和"人物"图层第40帧处按【F6】键插入关键帧，把文字设置成从小到大缩放效果，把人物设置成从右到左移动效果，分别在"文字"和"人物"图层第60帧处按【F5】键插入帧，如图9-28所示。

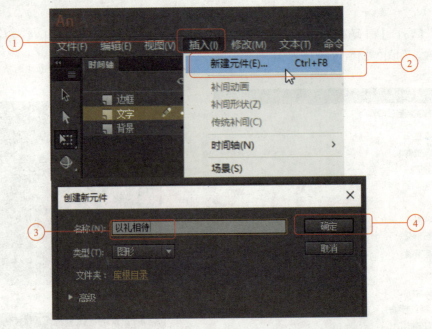

图9-25 新建元件

图9-26 "以礼相待"元件

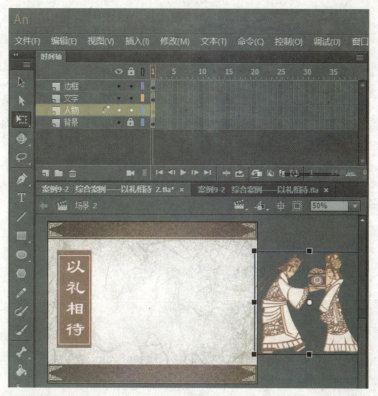

图9-27 导入人物

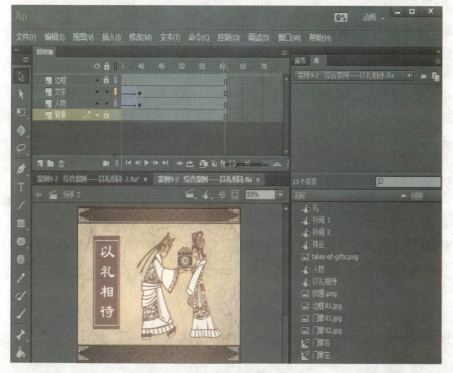

图9-28 制作场景2动画

案例 9-3 MG 图标动画制作

案例说明

MG动画（Motion Graphics），直接翻译为动态图形或者图形动画。通常指视频设计、多媒体CG设计、电视包装等。动态图形指"随时间流动而改变形态的图形"，简单来说动态图形可以解释为会动的图形设计，是影像艺术的一种。

动态图形融合了平面设计、动画设计和电影语言，它的表现形式丰富多样，具有极强的包容性，总能和各种表现形式以及艺术风格混搭。动态图形的主要应用领域集中于节目频道包装、电影电视片头、商业广告、MV、现场舞台屏幕、互动装置等。

相关知识

本案例主要应用传统补间动画制作。

案例实施

一、导入AI图标素材

运行Adobe Animate CC 2017软件，选择【新建】|【ActionScript 3.0】选项，新建一个背景颜色为白色，频率为24、大小为600像素×600像素的文件。

导入AI素材"笔记本图标"，选择【选择所有图层】|【导入】命令，如图9-29所示（如果无法导入，可把AI文件转换成低版本）。

二、转换为元件制作背景动画

（1）全选"笔记本图标"素材，右击，在弹出的快捷菜单中选择【转换为元件】命令，命名为"笔记本图标"图形元件。

（2）双击"笔记本图标"图形元件，进入元件内部。选中背景圆，右击，在弹出的快捷菜单中选择【转换为元件】命令，命名为"背景圆"。舞台选中"背景圆"图形元件，右击，在弹出的快捷菜单中选择【排列】|【下移一层】命令（快捷键【Ctrl+↓】）将背景圆移到素材最下层。

（3）选择"背景圆"，右击，在弹出的快捷菜单中选择【分散到图层】命令，在时间轴"背景圆"层第72帧3秒处插入帧（快捷键【F5】），如图9-30所示。

（4）在时间轴"背景圆"图层第8、12帧插入关键帧（快捷键【F6】）。在第1帧选中舞台"背景圆"元件，选择【修改】|【变形】|【缩放和旋转】命令（快捷键【Ctrl+Shift+S】），【缩放】20%。在第8帧选择【缩放和旋转】命令（快捷键【Ctrl+Shift+S】），【缩放】110%。在时间轴两个关键帧之间创建传统补间，如图9-31所示。这样"背景圆"的动态效果就制作出来了，这是一个伸缩的运动效果。

三、制作"笔记本"动画

（1）选中"笔记本"素材，该素材为组件，需要进行拆分；选择【修改】|【分离】命令（快捷键【Ctrl+B】），将素材拆分。

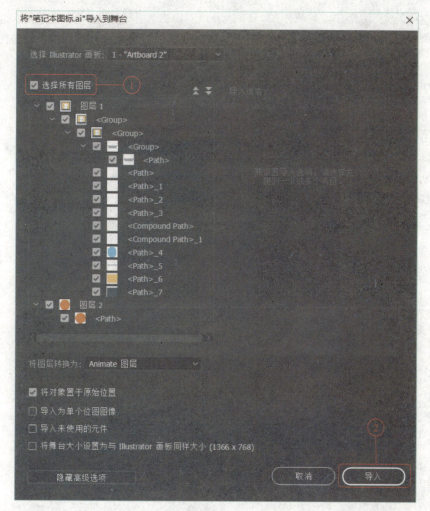

图9-29 导入素材

图9-30 插入帧

图9-31 补间动画

（2）分离的素材分别转化为元件。通过选取素材（多选快捷键【Shift+鼠标左键】）转化为元件（快捷键【F8】），然后将转化的元件进行层级关系调整（快捷键【Ctrl+↓/↑】），将已经转换为元件的素材按照原来的层级顺序排好位置。层级由上至下，元件分别命名为"地球""黄色屏幕""深色电脑""按键""底座"。

（3）全选"图层_1"素材，在【属性】面板显示"图形"，就证明全体素材都已经转化为图形元件，如图9-32所示。全选素材后，右击，在弹出的快捷菜单中选择【分散到图层】命令，将各元件分散到图层，如图9-33所示。

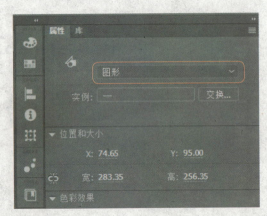

图9-32 图形元件

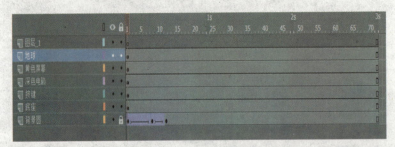

图9-33 元件分层

（4）做各层级的元件动画。

①在时间轴"地球"图层第8、12帧插入关键帧（快捷键【F6】），在第1帧选中舞台"地球"，选择【修改】|【变形】|【缩放和旋转】命令（快捷键【Ctrl+Shift+S】），【缩放】50%，在【属性】面板【色彩效果】的【样式】中将【Alpha】透明度调到0%；在第8帧选择【缩放和旋转】命令（快捷键【Ctrl+Shift+S】），【缩放】110%；在时间轴两个关键帧之间创建传统补间，如图9-34所示。这样，"地球"的动态效果就制作出来了，这是一个伸缩的运动效果。

②在时间轴"黄色屏幕"图层第12帧插入关键帧（快捷键【F6】），在第1帧选中舞台"黄色屏幕"，选择【工具】面板【任意变形工具】，将舞台的"黄色屏幕"元件进行手动压缩，在时间轴两个关键帧之间创建传统补间。

③在时间轴"深色电脑"图层第8帧插入关键帧（快捷键【F6】），在【属性】面板【色彩效果】的【样式】中将【Alpha】透明度调到0%，在时间轴两个关键帧之间创建传统补间。

④在时间轴"按键"图层第8帧插入关键帧（快捷键【F6】），选择【工具】面板的"任意变形工具"，将舞台的"按键"元件进行手动压缩，在时间轴两个关键帧之间创建传统补间。

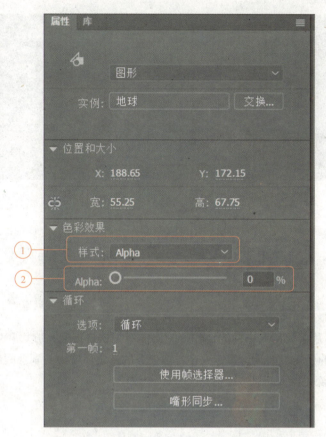

图9-34 "地球"元件属性

⑤选择时间轴"底座"图层上的"底座"元件,双击进入"底座"元件里面,在"图层_1"时间轴层上选择第72帧3秒处插入帧(快捷键【F5】);在"图层_1"上新建"图层_2",右击"图层_2",在弹出的快捷菜单中选择【遮罩】命令,作为"图层_1"的遮罩层。在"图层_2"上新建一个矩形,第1帧矩形不遮挡"图层_1"素材。在"图层_2"第10帧插入关键帧(快捷键【F6】),将矩形拉伸遮挡"图层_1"素材,在时间轴两个关键帧之间创建传统补间,如图9-35所示。双击舞台空白处,退出"底座"元件,返回"笔记本图标"元件的时间轴。

图9-35 图层遮罩

在"笔记本图标"元件的时间轴上,通过移动各图层的播放速度,达到时间轴每一层开始播放时间错开的效果,如图9-36所示。

⑥双击舞台空白处,返回"场景1",在时间轴"图层_1"层上选择第72帧3秒处插入帧(快捷键【F5】)即可,一个笔记本的图标动画就制作好了。MG动画就是很多个图标动画组成的。

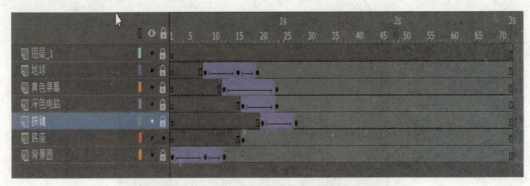

图9-36 时间差播放

案例9-4 综合案例——静夜思

情境导入

《静夜思》是唐代诗人李白的诗作。此诗描写了秋日夜晚,旅居在外的诗人于屋内抬头望月而思念家乡的感受。前两句写诗人在作客他乡的特定环境中一刹那间所产生的错觉;后两句通过动作神态的刻画,深化诗人的思乡之情。

案例说明

本案例通过制作唐诗朗读动画学习Animate综合动画制作。

相关知识

本案例主要应用传统补间动画制作,元件的应用、透明度设置等。

案例实施

(1)运行Animate CC 2017软件,选择【新建】|【ActionScript 3.0】选项,新建一个文件,把舞台背景设置成蓝色。

(2)把图层重命名为"声音",选择【文件】|【导入】|【导入到库】命令,选择素材文件夹"案例9-4 综合案例——静夜思 素材"中的"静夜思.mp3",如图9-37所示。

(3)把"静夜思.mp3"拖到舞台,在第70帧处按【F5】键插入帧。

(4)新建图层,重命名为"图1",选择【文件】|【导入】|【导入到库】命令,选择素材文件夹"案例9-4 综合案例——静夜思 素材"中的"图片1",如图9-38所示。

(5)把"图片1"拖到舞台,按【F8】键,转换成元件,把元件命名为"图1",元件类型为"图形",调整位置和大小,如图9-39所示。

(6)在"图1"图层第25帧处按【F6】键插入关键帧,在第1~25帧处创建传统补间,把图片向舞台左边移动,如图9-40所示。在第70帧处按【F5】键插入帧。

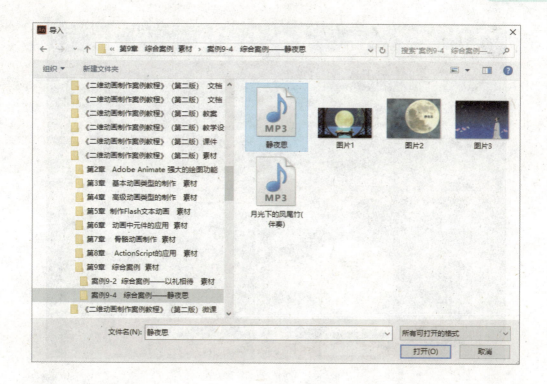

图9-37 导入声音

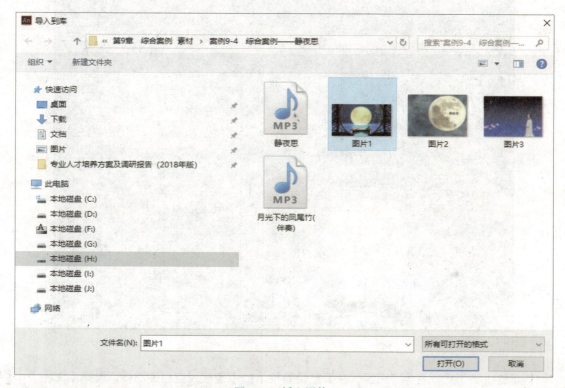

图9-38 插入图片1

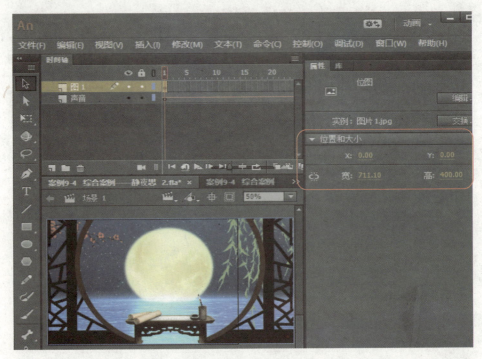

图9-39 图1元件位图和大小

图9-40 移动图片1

（7）新建图层，重命名为"图2"，在第35帧处按【F7】键插入空白关键帧。选择【文件】|【导入】|【导入到库】命令，选择素材文件夹"案例9-4 综合案例——静夜思 素材"中的"图片2"，把

"图片2"拖到舞台，按【F8】键，转换成元件，把元件命名为"图2"，元件类型为"图形"，如图9-41所示。

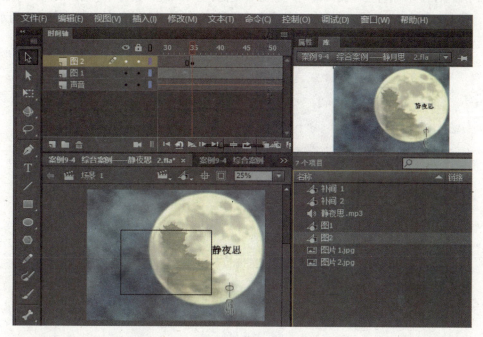

图9-41 图2元件

（8）在"图2"图层第70帧处按【F6】键插入关键帧，在第35~70帧处创建传统补间，在第35帧处把"图2"透明度设置成10%，如图9-42所示。在第70帧处把图2调成舞台一样大小，分别在第95、120帧处按【F6】键插入关键帧，在第95~120帧处"创建传统补间"，在第120帧处把图2透明度设置成10%。

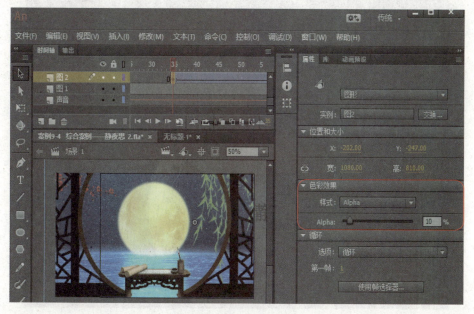

图9-42 设置图片2透明度

- 195 -

（9）新建图层，重命名为"图3"，在第95帧处按【F7】键插入空白关键帧。选择【文件】|【导入】|【导入到库】命令，选择素材文件夹"案例9-4 综合案例——静夜思 素材"中的"图片3"，把"图片3"拖到舞台，按【F8】键，转换成元件，把元件命名为"图3"，元件类型为"图形"，如图9-43所示。

图9-43 图3元件

（10）在"图3"图层第120帧处按【F6】键插入关键帧，在第95~120帧处创建传统补间，在第95帧处把图3透明度设置成10%，如图9-44所示，在第120帧处把"图3"调成和舞台一样大小。

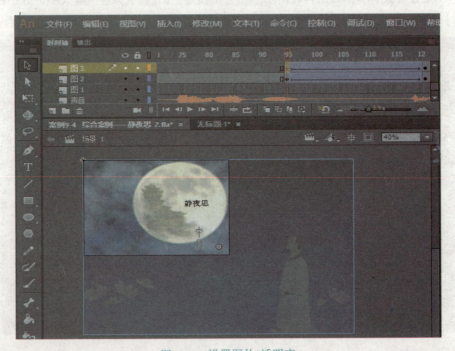

图9-44 设置图片2透明度

（11）新建图层，重命名为"静夜思"，选择【插入】|【新建元件】命令（快捷键【Ctrl+F8】），输入元件名称"静夜思"，元件类型为"图形"，单击【确定】按钮，创建元件内容，如图9-45所示。

（12）输入文本"静夜思"，设置字体为"隶书"，大小为"60"，如图9-46所示。

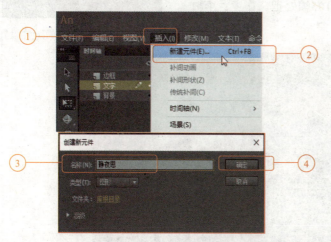

图9-45 新建"静夜思"元件

图9-46 "静夜思"元件设置

（13）在图层"静夜思"第95帧处按【F6】键插入关键帧，把"静夜思"元件拖到舞台，在第120帧处按【F6】键插入关键帧，在第95~120帧处创建传统补间，在第95帧处把"静夜思"元件透明度设置成10%，如图9-47所示。

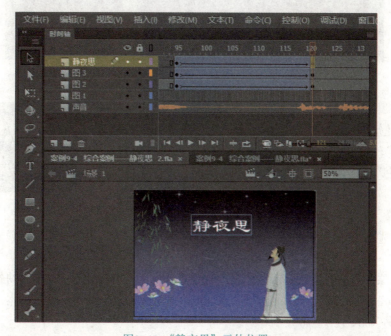

图9-47 "静夜思"元件位置

（14）新建图层，重命名为"作者：李白"，选择【插入】|【新建元件】命令（快捷键【Ctrl+F8】），输入元件名称"作者：李白"，元件类型为"图形"，单击【确定】按钮，输入文本"作者：李白"，设

置字体为"隶书",大小为"12",如图9-48所示。

(15)在"作者:李白"图层第105帧处按【F6】键插入关键帧,把"作者:李白"元件拖到舞台,在第120帧处按【F6】键插入关键帧,在第95~120帧处创建传统补间,在第105帧处把"作者:李白"元件透明度设置成10%,如图9-49所示。

图9-48 "作者:李白"元件设置

图9-49 "作者:李白"元件位置

(16)新建图层,重命名为"床前明月光",选择【插入】|【新建元件】命令(快捷键【Ctrl+F8】),输入元件名称"床前明月光",元件类型为"图形",单击【确定】按钮,输入文本"床前明月光,",设置字体为"隶书",大小为"40",如图9-50所示。

(17)在图层"床前明月光"第180帧处按【F6】键插入关键帧,把"床前明月光"元件拖到舞台,在第240帧处按【F6】键插入关键帧,在第180~240帧处创建传统补间,在第180帧处把"床前明月光"元件透明度设置成10%,如图9-51所示。

图9-50 "床前明月光"元件设置

(18)新建图层,重命名为"疑是地上霜",选择【插入】|【新建元件】命令(快捷键【Ctrl+F8】),输入元件名称"疑是地上霜",元件类型为"图形",单击【确定】按钮,输入文本"疑是地上霜。",设置字体为"隶书",大小为"40"。

(19)在图层"疑是地上霜"第280帧处按【F6】键插入关键帧,把"疑是地上霜"元件拖到舞台,在第350帧处按【F6】键插入关键帧,在第280~350帧处创建传统补间,在第280帧处把"疑是地上霜"元件透明度设置成10%,如图9-52所示。

图9-51 "床前明月光"元件位置

图9-52 "疑是地上霜"元件位置

（20）新建图层，重命名为"举头望明月"，选择【插入】|【新建元件】命令（快捷键【Ctrl+F8】），输入元件名称"举头望明月"，元件类型为"图形"，单击【确定】按钮，输入文本"举头望明月，"，设置字体为"隶书"，大小为"40"。

（21）在"举头望明月，"图层第390帧处按【F6】键插入关键帧，把"举头望明月，"元件拖到舞台，在第450帧处按【F6】键插入关键帧，在第390~450帧处创建传统补间，在第390帧把"举头望明月，"元件透明度设置成10%，如图9-53所示。

图9-53 "举头望明月"元件位置

（22）新建图层，重命名为"低头思故乡"，选择【插入】|【新建元件】命令（快捷键【Ctrl+F8】），输入元件名称"低头思故乡"，元件类型为"图形"，单击【确定】按钮，输入文本"低头思故乡。"，设置字体为"隶书"，大小为"40"。

（23）在"低头思故乡"图层第500帧处按【F6】键插入关键帧，把"低头思故乡"元件拖到舞台，在第560帧处按【F6】键插入关键帧，在第500~560帧处创建传统补间，在第500帧把"低头思故乡"元件透明度设置成10%，如图9-54所示。

（24）新建图层，重命名为"背景音乐"，选择【文件】|【导入】|【导入到库】命令，选择素材文件夹"案例9-4 综合案例——静夜思 素材"中的"月光下的凤尾竹（伴奏）.mp3"，把"月光下的凤尾竹（伴奏）.mp3"拖到舞台。

（25）按【Ctrl+Enter】组合键测试影片。

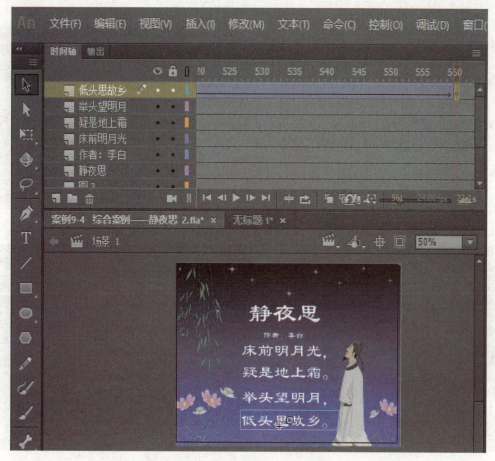

图9-54 "低头思故乡"元件位置

案例 9-5 综合案例——飘飞的气球

情境导入

成语：气度雄远。意思是气魄度量宽阔，志向远大。出自《晋书·王猛传》。

《晋书·王猛传》："猛，字景略，瑰资隽伟，博学好兵书，谨重严毅，气度雄远，细事不干其虑，自不参其神契，略不与交通，是以浮华之士咸轻而笑之。"

案例说明

本案例通过制作飘飞的气球动画学习Animate综合动画制作。

视频

综合案例——
飘飞的气球

相关知识

本案例主要应用传统补间动画制作。

案例实施

(1) 运行Animate CC 软件，选择【新建】|【ActionScript 3.0】选项，新建一个文件。如图9-55所示，设置舞台大小为550像素× 400像素，帧频为12，并命名为"飘飞的气球"。

(2) 将"图层一"修改为"背景层"，并进行渐变填充，运用【渐变变形工具】将舞台色彩调整与蓝天一致，如图9-56、图9-57所示。

图9-55　文档设置

图9-56　渐变变形工具设置

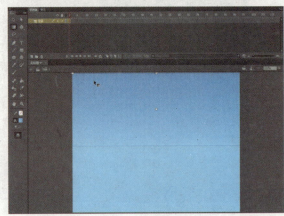

图9-57　天空背景填充效果

(3) 新建图层，修改图层名称为"白云层"，并创建新元件"白云"（快捷键【Ctrl+F8】），设置类型为"影片剪辑"，如图9-58所示。运用【椭圆工具】，参照云的形象画几个大小不一的图形，并适当绘制阴影，如图9-59所示。

图9-58　创建元件

图9-59　云的绘制

(4) 在场景1中将影片剪辑"白云"添加到"白云层"图层的首帧，选择影片剪辑"白云"，添加滤镜"模糊"效果，如图9-60所示。

(5) 同样的方法，新建"白云层2"图层，将影片剪辑"白云"添加到"白云层2"图层的首帧，并使用【变形工具】进行编辑，添加滤镜"模糊"效果，如图9-61所示。（提示：两次滤镜"模糊"效果的像素值要有区别，模拟出云层的远近效果。）

图9-60 为元件"白云"添加模糊滤镜

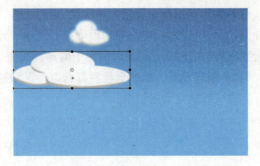
图9-61 不同图层上制作远近不同的白云效果

（6）选择【插入】|【新建元件】命令（快捷键【Ctrl+F8】），名称为"气球"，设置类型为"影片剪辑"，并利用【椭圆工具】绘制气球，填充方式设置为【径向填充】，并利用【渐变变形工具】调整效果，如图9-62所示。

（7）在影片剪辑"气球"中新建图层，命名为"牵绳"，并根据运动规律调整绳的位置，如图9-63所示。（提示：可以使用【绘图纸外观功能】（快捷键【Shift+Alt+O】）查看前后帧是否符合运动规律）

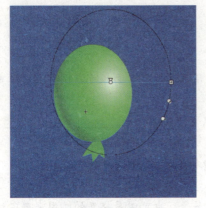
图9-62 绘制气球

图9-63 绘制气球拉绳

（8）回到场景1，新建图层"气球飘飞层"，将影片剪辑"气球"添加到图层"气球飘飞层"的首帧，如图9-64所示。

图9-64 气球、云层分层

(9)为气球增加引导层,并绘制引导曲线,制作气球飘飞的"S"形引导动画。为近景的云添加传统补间动画。(提示:①引导动画确保"气球"元件的首帧、尾帧位于引导线上;②根据气球从出现在舞台到出舞台的时间,预估时间轴上的动画长度,具体的帧数应是影片剪辑"气球"帧数的整数倍。)

(10)新建图层,绘制形状将舞台以外区域遮住。保存文件,按【Ctrl+Enter】组合键进行影片测试,完成气球飘飞动画制作。

小　　结

本章主要介绍了Animate的综合应用。在本章的学习中还应注意以下几点:
(1)制作人物讲话和动作时,要注意动作的协调性。
(2)复杂动画制作时,图层顺序关系。
(3)制作含有音频和文字的动画时,要注意音频与文字的顺序相匹配。

练习与思考

一、填空题

1. 使用_____面板可以复制、删除调色板中的颜色,使用_____面板可以调整渐变填充和位图填充。

2. 补间是用来产生两个关键帧之间的过渡图像,用户只需要建立一个_____和一个_____,即可通过补间来填充中间的过程。

3. Animate允许用户把_____、数据、图像、声音和脚本交互控制融为一体。

4. 使用_____可以把动画限定在特定的区域内。

5. _____的作用是帮助用户对齐和排版对象,可以为多条,也可以是交叉的,用来确定对象的绘制中心或者限定绘制的精确区域。

6. 补间动画分为_____和_____。

二、选择题

1. 做带有颜色或透明度变化的遮罩动画应该(　　)。
   A. 改变被遮罩的层上对象的颜色或Alpha
   B. 再做一个和遮罩层大小、位置、运动方式一样的层、在其上进行颜色或Alpha变化
   C. 直接改变遮罩颜色或Alpha
   D. 以上答案都不对

2. 时间轴面板上层名称旁边的眼睛图标中的作用是(　　)。
   A. 确定运动种类　　　　　　　　　　　B. 确定某层上有哪些对象
   C. 确定元件有无嵌套　　　　　　　　　D. 确定当前图层是否显示

3. 下列对创建遮罩层的说法错误的是(　　)。

A. 将现有的图层直接拖到遮罩层下面
B. 在遮罩层下面的任何地方创建一个新图层
C. 选择【修改】|【时间轴】|【图层属性】命令，然后在【图层属性】对话框中选择【被遮罩】
D. 以上都不对

4. （   ）是在回放过程中显示图形、视频、按钮等内容的位置。
A. 库面板　　　B. 时间轴　　　C. 舞台　　　D. ActionScript 代码

附录 A Animate 快捷键

1.【文件】菜单

命令	快捷键
新建	Ctrl+N
打开	Ctrl+O
作为库打开	Ctrl+Shift+O
关闭	Ctrl+W
保存	Ctrl+S
另存为	Ctrl+Shift+S
导入	Ctrl+R
导出影片	Ctrl+Alt+Shift+S
发布设置	Ctrl+Shift+F12
以HTML格式发布预览	Ctrl+F12
发布	Shift+F12
打印	Ctrl+P

2.【编辑】菜单

命令	快捷键
撤销	Ctrl+Z
重做	Ctrl+Y
剪切	Ctrl+X
复制	Ctrl+C
粘贴	Ctrl+V
粘贴到当前位置	Ctrl+Shift+V
清除	Backspace
复制	Ctrl+D
全选	Ctrl+A
取消全选	Ctrl+Shift+A
剪切帧	Ctrl+Alt+X
复制帧	Ctrl+Alt+C
粘贴帧	Ctrl+Alt+V
清除帧	Alt+Backspace
选择所有帧	Ctrl+Alt+A
编辑元件	Ctrl+E

3.【查看】菜单

命令	快捷键
第一个	Home
前一个	Page Up
后一个	Page Down
最后一个	End
放大	Ctrl+=
缩小	Ctrl+?
正常100%画面	Ctrl+1
显示帧	Ctrl+2
全部显示	Ctrl+3
轮廓	Ctrl+Alt+Shift+O
高速显示	Ctrl+Alt+Shift+F
消除锯齿	Ctrl+Alt+Shift+A
消除文字锯齿	Ctrl+Alt+Shift+T
时间轴	Ctrl+Alt+T
工作区	Ctrl+Shift+W
标尺	Ctrl+Alt+Shift+R
显示网格	Ctrl+'
对齐网格	Ctrl+Shift+'
编辑网格	Ctrl+Alt+G
显示辅助线	Ctrl+;
锁定辅助线	Ctrl+Alt+;
对齐辅助线	Ctrl+Shift+;
编辑辅助线	Ctrl+Alt+Shift+G
对齐对象	Ctrl+Shift+/
显示形状提示	Ctrl+Alt+H
隐藏边缘	Ctrl+H
隐藏面板	F4

4.【插入】菜单

命令	快捷键
转换为元件	F8

新建元件	Ctrl+F8
新增帧	F5
删除帧	Shift+F5
清除关键帧	Shift+F6

5.【修改】菜单

命令	快捷键
场景	Shift+F2
文档	Ctrl+J
优化	Ctrl+Alt+Shift+C
添加形状提示	Ctrl+Shift+H
缩放与旋转	Ctrl+Alt+S
顺时针旋转90°	Ctrl+Shift+9
逆时针旋转90°	Ctrl+Shift+7
取消变形	Ctrl+Shift+Z
移至顶层	Ctrl+Shift+Up
上移一层	Ctrl+Up
下移一层	Ctrl+Down
移至底层	Ctrl+Shift+Down
锁定	Ctrl+Alt+L
解除全部锁定	Ctrl+Alt+Shift+L
左对齐	Ctrl+Alt+1
水平居中	Ctrl+Alt+2
右对齐	Ctrl+Alt+3
顶对齐	Ctrl+Alt+4
垂直居中	Ctrl+Alt+5
底对齐	Ctrl+Alt+6
按宽度均匀分布	Ctrl+Alt+7
按高度均匀分布	Ctrl+Alt+9
设为相同宽度	Ctrl+Alt+Shift+7
设为相同高度	Ctrl+Alt+Shift+9
相对舞台分布	Ctrl+Alt+8
转换为关键帧	F6
转换为空白关键帧	F7
组合	Ctrl+G
取消组合	Ctrl+Shift+G
分离	Ctrl+B
分散到图层	Ctrl+Shift+B

6.【文本】菜单

命令	快捷键
正常	Ctrl+Shift+P
粗体	Ctrl+Shift+B
斜体	Ctrl+Shift+I
左对齐	Ctrl+Shift+L
居中对齐	Ctrl+Shift+C
右对齐	Ctrl+Shift+R
两端对齐	Ctrl+Shift+J
增加间距	Ctrl+Alt+Right
减小间距	Ctrl+Alt+Left
重至间距	Ctrl+Alt+Up

7.【控制】菜单

命令	快捷键
播放	Enter
后退	Ctrl+Alt+R
单步向前	。
单步向后	,
测试影片	Ctrl+Enter
调试影片	Ctrl+Shift+Enter
测试场景	Ctrl+Alt+Enter
启用简单按钮	Ctrl+A

8.【窗口】菜单

命令	快捷键
新建窗口	Ctrl+Alt+N
时间轴	Ctrl+Alt+T
工具	Ctrl+F2
解答	Alt+F1
属性	Ctrl+F3
对齐	Ctrl+K
混色器	Shift+F9
颜色样本	Ctrl+F9
信息	Ctrl+I
场景	Shift+F2
变形	Ctrl+T
动作	F9

功能	快捷键	功能	快捷键
调试器	Shift+F4	上移一层	Ctrl+↑
影片浏览器	Alt+F3	下移一层	Ctrl+↓
脚本参考	Shift+F1	移至底层	Ctrl+Shift+↓
输出	F2	锁定	Ctrl+Alt+L
辅助功能	Alt+F2	解除全部锁定	Ctrl+Shift+Alt+L
组件	Ctrl+F7	左对齐	Ctrl+Alt+1
组件参数	Alt+F7	水平居中	Ctrl+Alt+2
库	Ctrl+L	右对齐	Ctrl+Alt+3
显示/隐藏时间轴	Ctrl+Alt+T	顶对齐	Ctrl+Alt+4
显示/隐藏工作区以外部分	Ctrl+Shift+W	垂直居中	Ctrl+Alt+5
显示/隐藏标尺	Ctrl+Shift+Alt+R	底对齐	Ctrl+Alt+6
显示/隐藏网格	Ctrl+'	按宽度均匀分布	Ctrl+Alt+7
对齐网格	Ctrl+Shift+'	按高度均匀分布	Ctrl+Alt+9
编辑网络	Ctrl+Alt+G	设为相同宽度	Ctrl+Shift+Alt+7
显示/隐藏辅助线	Ctrl+;	设为相同高度	Ctrl+Shift+Alt+9
锁定辅助线	Ctrl+Alt+;	相对舞台分布	Ctrl+Alt+8
对齐辅助线	Ctrl+Shift+;	转换为关键帧	F6
编辑辅助线	Ctrl+Shift+Alt+G	转换为空白关键帧	F7
对齐对象	Ctrl+Shift+/	组合	Ctrl+G
显示形状提示	Ctrl+Alt+H	取消组合	Ctrl+Shift+G
显示/隐藏边缘	Ctrl+H	打散分离对象	Ctrl+B
显示/隐藏面板	F4	分散到图层	Ctrl+Shift+D
转换为元件	F8	字体样式设置为正常	Ctrl+Shift+P
新建元件	Ctrl+F8	字体样式设置为粗体	Ctrl+Shift+B
新建空白帧	F5	字体样式设置为斜体	Ctrl+Shift+I
新建关键帧	F6	文本左对齐	Ctrl+Shift+L
删除贴	Shift+F5	文本居中对齐	Ctrl+Shift+C
删除关键帧	Shift+F6	文本右对齐	Ctrl+Shift+R
显示/隐藏场景工具栏	Shift+F2	文本两端对齐	Ctrl+Shift+J
修改文档属性	Ctrl+J	增加文本间距	Ctrl+Alt+→
优化	Ctrl+Shift+Alt+C	减小文本间距	Ctrl+Alt+←
添加形状提示	Ctrl+Shift+H	重置文本间距	Ctrl+Alt+↑
缩放与旋转	Ctrl+Alt+S	播放/停止动画	回车
顺时针旋转90°	Ctrl+Shift+9	后退	Ctrl+Alt+R
逆时针旋转90°	Ctrl+Shift+7	单步向前	>
取消变形	Ctrl+Shift+Z	单步向后	<
移至顶层	Ctrl+Shift+↑	测试影片	Ctrl+回车

调试影片	Ctrl+Shift+回车	显示/隐藏影版浏览器	Alt+F3
测试场景	Ctrl+Alt+回车	显示/隐藏脚本参考	Shift+F1
启用简单按钮	Ctrl+Alt+B	显示/隐藏输出面板	F2
新建窗口	Ctrl+Alt+N	显示/隐藏辅助功能面板	Alt+F2
显示/隐藏工具面板	Ctrl+F2	显示/隐藏组件面板	Ctrl+F7
显示/隐藏时间轴	Ctrl+Alt+T	显示/隐藏组件参数面板	Alt+F7
显示/隐藏属性面板	Ctrl+F3	显示/隐藏库面板	F11
显示/隐藏解答面板	Ctrl+F1		
显示/隐藏对齐面板	Ctrl+K	A 箭头	L 套索
显示/隐藏混色器面板	Shift+F9	N 直线	T 文字
显示/隐藏颜色样本面板	Ctrl+F9	O 椭圆	R 矩形
显示/隐藏信息面板	Ctrl+I	P 铅笔	B 笔刷
显示/隐藏场景面板	Shift+F2	I 墨水瓶	U 油漆桶
显示/隐藏变形面板	Ctrl+T	D 滴管	E 橡皮擦
显示/隐藏动作面板	F9	H 手掌	M 放大镜
显示/隐藏调试器面板	Shift+F4		

附录B 决策分组表

分组并选出小组负责人，编写实训计划。

实训任务		计划完成时间	
小组成员		组长	
实训计划			

附录C 检查评估表

成员自查、组织互查、教师抽查。

班级：　　　　　　　　　姓名：　　　　　　　　　得分：

评价项目	评价标准	等级（权重）分				学生自评	小组互评	教师点评
		优秀	良好	一般	较差			
知识与技能	(根据上课内容编写)	10	8	5	3			
	(根据上课内容编写)	10	8	5	3			
	(根据上课内容编写)	10	8	5	3			
过程与方法	(根据上课内容编写)	30	25	20	15			
情感态度	创新能力与探究问题的能力	10	8	5	3			
	对本节课内容兴趣浓厚，课堂上积极参与，积极思考	10	8	5	3			
	小组成员间配合默契，彼此协作愉快，互帮互助	10	8	5	3			
课堂调查：写出你在本节课堂上遇到的困难，向教师提出你的教学建议。		10	8	5	3			

我这样评价我自己：

伙伴眼里的我：

老师的话：

注：得分为自评、互评、教师评总分之均值。